平凡社新書
1032

科学技術の軍事利用

人工知能兵器、兵士の強化改造、人体実験の是非を問う

橳島次郎
NUDESHIMA JIRŌ

HEIBONSHA

科学技術の軍事利用●目次

第一部　戦争と科学・技術の関わり

第二部　軍事科学研究の進展にどう向き合うか――最先端の事例から考える

第一部　戦争と科学・技術の関わり

第1章　科学・技術と戦争の結びつきの歴史

人間の歴史は、絶え間ない戦争の歴史である。残念ながら、これは事実だ。私たち現生人類ほど、互いに殺し合い傷つけ合い、生活の基盤を奪い合い破壊し合ってきた生き物はいない。戦争は、人間の本質に深く根ざす行為だと思わざるをえない。

そして人間の本質に根ざす行為といえば、もう一つ、私たちが生きるこの天地の森羅万象について、何がどうなっているのか、どうしてそうなるのか知ろうとする、人間独特の営みがある。それが科学研究の元になっている。さらにそこから得られた知識に基づいて、自然にあるものに手を加え、自分たちの生活に役立つものを作り出すのが、技術開発だ。これも人間独特の営みである。

では、どちらも人間独特の営みである戦争と科学・技術は、人類の歴史を通じてどのように関わり合い、結びついてきただろうか。

古代ギリシア——科学と軍事利用の原点

自然界の現象を人間が自らの理知によって解き明かそうとする科学の原点は、古代ギリシアで興り盛んになった自然哲学にある。そしてそこから得られた科学的知識は、軍事にも利用された。たとえばミレトスのタ―レス（紀元前六二四年頃～紀元前五四六年頃）は、幾何学と天文学の知識を航海術に応用した。安全に確実に船を航行させせることは、物流・商業にとってだけでなく軍事上も重要な技術となる。数学と力学の知識も、攻撃に使う投石器（射出器＝カタパルト）の設計と運用に応用された。

こうした科学・技術の軍事利用を国家規模で組織化したのが、アレクサンドロス大王（紀元前三五六年～紀元前三二三年）だった。紀元前四世紀、ギリシア北部の一王国マケドニアから身を起こした彼は、天才的な軍略の才能を発揮して、ペルシア、エジプト、メソポタミアから遠くインダス川流域までを征服し、一大帝国を築いた。アレクサンドロスは、征服事業を進め、築いた国家を維持するために、周辺の諸民族や国々に対し常に軍事的優位を保とうとした。そこで彼が特に重視したのが、科学の知識とそれに基づく技術の開発だった。国営の研究機関と工廠を設立して科学者・技術者を集め、国益になりそうなすべての分野の研究に資金を援助した。その集大成が、エジプトのアレクサンドリアに設けられた、学問所と図書館だった。そこでは航海学、地理学、土木、機械工学などの研究と教育が行われた。アレクサンドロスは、少年時代にかのアリストテレス（紀元前三八四年～紀元前三二二年）を家庭教師として、教えを受けた。そのことが、彼に科学知識を重視する姿勢を身につけさせたのかもしれない。

このアレクサンドリアの学問所から、多岐にわたる科学研究の成果が生まれた。数学では立法根（三乗してある数になる元の数、たとえば3は27の立方根）の解法が研究されたが、それは投石兵器による物体の投射軌道を測る公式に必要とされたものだった。後世に残る科学者の名前でいえば、三角形の面積を求める公式に証明を与え、気体を研究し蒸気の利用を発見したヘロン（紀元一〇年頃？～七〇年頃？）、天体、特に太陽系の運行を理論化し航海術をさらに発展させたプトレマイオス（紀元八三年頃～一六八年頃）がいる。また緯度と経度の概念を確立し測量術を発展させ、軍隊の運用に不可欠な地図作成に貢献したヒッパルコス（紀元前一九〇年頃～紀元前一二〇年頃）、機械工学の基礎となる原理を確立し、投射器の設計向上に貢献したフィロン（紀元前二八〇年～紀元前二二〇年）もこの学問所の学者だった。

こうした研究の成果と、世界中から集められた知識の資料は図書館に収蔵され、後世への一大遺産となった。このアレクサンドリアの図書館は当時の世界最大の規模で、中世のイスラム科学の発展を支え、それが近世にヨーロッパに輸入されルネッサンスの基礎となり、ひいては近代科学の生まれる糧《かて》になったと想像できる。

重要なのは、アレクサンドリアの学問所と図書館がこれだけ立派なものになったのは、他国に対する軍事上の優位を拡大し維持しようという、軍事目的のためだったということだ。国が金を出す以上、そこに集う科学者は国の求めに従い、自らの研究の成果を軍事に応用するのを拒みきれない。古代ギリシアの科学者は、進んで軍事利用に協力するのが大勢だったが、科学の真の目的に反するのではないかと悩んだ学者もいたという。この、純粋科学の理想と軍事への応用の間の緊張が生み出す科学者のジレンマ、現代風にいえば職業倫理上の葛藤は、はるか後の世に受け継がれ、現代に至っている。

ヨーロッパ近世の戦乱と近代科学革命

時代は降って紀元十六世紀、ヨーロッパでも日本の戦国時代のような戦乱が繰り広げられ、中国から伝わった火薬の製法が進み、大砲という新兵器が生み出された。この新兵器に使えるよう火薬を調合し改良する研究から、管理された実験を通じて物質の特性を分析するという、近代化学の基本が確立された。火薬のおかげで、中世の錬金術師は近代の科学者の先駆になれたのである。

そしてこの新兵器大砲に対抗するため、防御力を高めた城砦の設計が研究され、稜堡が発明された。函館の五稜郭のような、幾何学的な張り出しを作って、どの角度からも攻撃と防御ができるようにする建築術である。この稜堡の建築の精度を高めるうえで、三角法の数学が発展した。そこで新たに軍事上必要とされた計算、測定、記録を可能にするため、対数、解析幾何学・微積分学、統計学などの学問分野が生まれた。これらの新しい学問が、ニュートン（一六四三年〜一七二七年）の古典力学に代表される近代科学革命につながる糧となった。十六世紀の大規模な軍事技術開発競争が、十七世紀に近代科学を誕生させた重要な要因の一つとなったのである。

こうした科学と戦争の結びつきを表す興味深いエピソードをこの時代の歴史から拾ってみよう。有名なのは、レオナルド・ダ・ビンチ（一四五二年〜一五一九年）が、自らを戦争技術の達人としてミラノの貴族に売り込み職を得ようとしたという話だ。このミラノでの就職活動は失敗に終わったが、その後ヴェネチアの官営造兵廠に雇ってもらえたという。後世に残る彼の輝かしい天才的な芸術と科学の成果は、軍事技術者として糧を得ることで可能になったことになる。

もっと深く軍事と結びついていたのは、ガリレオ・ガリレイ（一五六四年〜一六四二年）だ。パドヴァ大学の数学教授として理論科学の研究だけでは食うや食わずの生活だった彼は、研究費を捻出するため、自らの科学知識を軍事転用することに踏み切った。要塞建築に必要な角度と平方根の計算と作図のために、彼はコンパスを発明し、フィレンツェのメディチ家に買い上げさせた。模型を作って船の設計をテストしデータを得る手法を編み出し、ヴェネチアに売り込んだ。さらには、オランダで発明されたばかりの望遠鏡を改良して、軍事目的に有用だと売り込み、報奨金を手に入れた。その望遠鏡を彼は天体観測に使い、天体の動きから物体の運動の法則を研究して、現代物理学の基礎を築いた。軍事利用をだしにして、科学の進展に結びつけたのである。

第一次世界大戦前後——科学・技術の組織的動員の本格化

その後西洋では科学・技術の着実な発展が産業革命の実現に結びつき、国家による軍事目的での利用も組織化されていった。

産業革命を推進した技術の代表例であるジェームズ・ワット（一七三六年～一八一九年）の蒸気機関は、精度の高いピストンとシリンダーを必要としたのだが、それを提供したのは、大砲を大量生産しようとしていた大手の製鉄業者だった。その助けのおかげで蒸気機関は効率よく動くよう改良され、産業革命を加速させたが、同時に、軍が必要とする大量の大砲や銃の生産と供給も可能にしたのである。

大量生産を可能にした近代的工場システムの起源は、蒸気機関を動力として導入した英国だけでなく、ルイ十四世（一六三八年～一七一五年）治下のフランスで開発された火薬工場にもあったという説がある。ルイ十四世は周辺諸国に多くの侵略戦争を仕掛けたが、その軍事的必要を満たすため、科学力の向上が図られた。なかでも火薬の安価な製法を研究した化学の発展が目覚ましかったが、この新式の火薬の大量生産を可能にするためにルイ王は、各地にバラバラに置かれていた生産拠点を一ヶ所に集めて効率を高めようと考えた。そこでパリに作られた巨大工場で、製造工程を流れ作業にして一本のアセンブリー・ラインにまとめる新しいシステムが作られた。この方式が製造業に革命をもたらすことになる。一時代前の絶対王政の軍事的必要が、産業革命の先鞭をつける役割を果たしたのである。

産業革命と並び近代を用意したもう一つの革命である市民の政治革命を経たフランスでは、砲兵将校出身で技術的素養のあったナポレオン・ボナパルト（一七六九年～一八二一年）が権力の座についた。彼は、国力を左右する軍隊の強さを決定づける要因は科学力だとの確信のもとに、科学者・技術者を国家エリートとして養成する陸軍大学（のちの理工科大学）や各種研究機関を設立した。また軍事力向上を目的として、各界の有識者からなる「産業振興会」を設け、民間から科学研究と技術開発の様々なアイデアを募り、国の助成対象を選んでいた。

こうした科学・技術の動員体制を備えたナポレオンのフランスに戦争で大敗したプロイセンでは、先進国である英国やフランスに対抗するため、その名もズバリ「戦争大学」が創設され、ベルリン大学と共に国家エリートとしての科学者を養成する体制が作り上げられた。この科学教育体制はドイツ帝国に引き継がれ、十九世紀から二〇世紀にかけてドイツは化学、電気工学、精密工学を中心にした科学大国となった。そこでは国家による科学の管理と国益のための科学の振興が進んだ。

こうしたなかで起こった第一次世界大戦では、近代科学・技術による新兵器が目白押しとなった。まずは航空機。一九〇三年に米国のライト兄弟は、流体力学の知識を使って飛行機を作り、世界初の有人飛行を実現させた。彼らは飛行機には軍事的利用価値があると認識していて、一九一一年に米国やヨーロッパの軍部に売り込みをかけた。そのとき採用したのはイタリア空軍だけだったというが、その後第一次大戦では戦闘機や爆撃機が開発され、航空機の技術的進歩は一気に加速された。

第二次大戦にかけて、機体の軽量合金、キャビンの与圧技術、レーダーや航法装置、ジェット・ターボエンジンなどが開発された。ボールペンも、気圧の低い軍用機内でインクがちゃんと出る筆記用具として開発されたという。

次いで潜水艦も登場した。ドイツのＵボートによる軍の補給と通商を破壊する攻撃に対抗するため、英国では水中爆雷や探信ソナー、水中聴音機などが開発された。ちなみに水中聴音機の技術は、のちのステレオ音響システムに民生転用されたという。

米国でも、第一次大戦下に、科学・技術の動員・支援のための情報センター「学術研究会議」が設けられた。この時期、マサチューセッツ工科大学とカリフォルニア工科大学が、大いに発展を遂げた。両校は、その後米国が世界一の科学・技術・軍事大国になるうえで、重要な役割を果たす存在となる。

第一次大戦では化学兵器も開発され使用された。悪名高い毒ガスである。ドイツでこの開発を担ったのは、空中窒素固定法を発明して化学肥料の大量生産を実現した化学者フリッツ・ハーバー（一八六八年〜一九三四年）だった。彼は第一次大戦が始まると国軍に協力し、気道と肺を傷つけ激しい咳などの症状や肺水腫を起こすホスゲンや、皮膚をただれさせ呼吸器や目の粘膜を冒すマスタードガスといった毒ガスを発明した。ハーバーは、戦時には科学者は人類全体にではなく祖国に奉仕すべきであるとの信念を持っていた。親友の理論物理学者アインシュタインは、科学の才能を殺戮のために使ったとハーバーを非難したが彼は動ぜず、戦後、戦犯のリストに入れられると内外の科学者から彼を弁護する声が上がり、結局戦犯として裁かれることはなかった。国家による科学者の軍事動員は、正当化された確固とした体制となっていたのである。

第一次大戦は、医学・生命科学の分野でも思わぬ貢献をもたらした。二千万人以上といわれる戦傷兵のなかには、深刻な頭部の損傷を負った者がいた。彼らを治療するために脳外科が発達し、多くの脳損傷患者が生きながらえるようになり、研究対象にされた。それらの患者の観察から、大脳の一部が損なわれると、気分や衝動の変化、判断力の低下、計画能力の低下などが起こることがわかった。この結果から、現在の脳科学の基本的知見となっている、情動をコントロールするなどの大脳前頭葉の働きが確証され、その後の脳研究に多大なインパクトをもたらした。こうした研究を行った医学者のなかには、脳のどの部分がどういう機能を果たすかを示す脳地図を作成したカナダの脳外科医ワイルダー・ペンフィールド（一八九一年～一九七六年）がいる。脳損傷兵を対象にした研究は、米国で現在も国防機関によるプログラムとして行われ、脳科学を進める一助となっている。

第二次世界大戦――急速に進んだ軍事動員による科学・技術の発展

第二次世界大戦では、特に米国と英国を筆頭に、科学・技術の軍事利用が猛烈な速さで進められた。戦争という緊急の必要性に後押しされて、研究から実用化までの期間が劇的に短縮された。第二次大戦は国民が総動員される総力戦となったが、そのすべての局面に科学・技術の全分野が浸透していった。

たとえば数学では、艦砲射撃の弾道計算や暗号解読などのために、電子計算機の研究が進められた。英国では六十名の数学者がドイツの暗号「エニグマ」の解読作業に動員され、その一人だったアラン・チューリング（一九一二年～一九五四年）が、一秒間に二千五百字を読み取れる真空管計算機を作った。これがコンピューターの祖型の一つになった。米国では陸軍と大学の戦時共同研究から、現在のコンピューターの基本理論（フォン・ノイマン・アーキテクチュア）が一九四五年に生み出された。戦後、冷戦下でさらに本格化する軍の研究開発助成により、コンピューターは急速に実用化され、科学研究全般を支える基盤技術となる。戦争に必要な軍事技術の開発が、科学を進める波及効果を生み出したのである。

物理・工学系では、ロケット・ミサイル技術と、それに対抗するレーダーや妨害電波の科学が発展した。生化学者も、戦場となった熱帯の病気の予防薬の研究に駆り出された。また気象学者が、天気予報の精度の向上のために動員された。軍の作戦行動を支える不可欠の技術だからである。さらに心理学者が、兵士の訓練や将校の選抜に知見を提供するよう求められた。

第二次大戦下で組織化された米英連合国による科学・技術の軍事利用を特徴づけるのは、新兵器や敵兵器への対抗防御技術を即座に開発するため、科学者が多様な研究の進捗状況を査定し、どれに優先権を与えるかを決定する国家中央機関が設けられたことである。ドイツなど枢軸国側は、そうした有効な軍事研究推進機構を備えようとしなかったため、科学・技術戦に敗れたのだと考えられる。このような科学・技術助成機構は、第二次大戦後、冷戦下でさらに整備され、科学・技術と軍事を融合させる強力なエージェントになっていく。

こうして第二次大戦の遂行から生み出された研究開発の成果の積み重ねが、戦後世界の急速な技術発展を促した。戦争で開発され、のち市民生活に普及した身近な技術の例としては、殺虫剤などのスプレー式噴霧器、電子レンジ、ナイロン繊維（パラシュート用に作られた）、フリーズドライ食品（兵士の携帯食のため作られた）などがある。

だがその一方、戦争遂行という大義のもとで、核兵器や細菌兵器といった大量破壊兵器の研究開発も進められ、戦後世界に大きな禍根と不安を残すことにもなった。

米ソ冷戦——科学・技術と国家・軍事の融合の深化

第二次大戦における科学・技術の軍事目的での国家動員の最大の例は、米英による原子爆弾の開発である。原子物理学研究の成果をもとに、世界初の核分裂反応実験が行われたのは、一九三八年だった。原子核の分裂は膨大なエネルギーを生み出す。この新発見は、当時、一握りの専門物理学者しか知らない知識だった。これを軍事に応用すれば、かつてなかった恐ろしい破壊力を持つ兵器を生み出せる。このアイデアを、当の科学者たちは進んで政府の要人に伝えた。核分裂の知識を提供し兵器開発に協力するよう権力者が科学者に強要したのではなかったのである。

物理学者たちが核兵器を開発するよう米国大統領に進言したのは、ナチス・ドイツよりも早く原爆を開発して、戦争を民主主義陣営の勝利で終わらせようと望んでのことだった。しかし一九四四年、連合国がドイツに侵攻し、ドイツには原爆開発を実現する可能性がないことが明らかにされた。科学者が協力する唯一最大の理由はなくなったのだが、その後も、米国主導の極秘の原爆開発「マンハッタン計画」から降りた科学者は一人もいなかった。こうして、科学と軍事の融合は、新しい段階に入ることになる。科学者の軍事技術開発への動員は、戦後も水素爆弾の開発を筆頭に引き継がれ、米国だけでなくソ連や中国などでも進められていく。

戦後米国では、軍と直結した科学の振興を、国家が制度として定着させていった。

一九五〇年に創設された全米科学財団（NSF）は、一九五六年の研究助成出資額の八〇%を軍事関連研究に充てた。さらに一九五八年に制定された国防教育法により、科学教育と若手研究者に国が膨大な予算を出資することになった。こうして制度化された科学・技術への財政支出に支えられて、最強の軍事機構が出来上がっただけでなく、軍産複合体の成立による関連企業活動を通じて、米国は桁外れの経済大国となる。

米ソの冷戦は核戦争の攻撃と防御に関わる科学・技術の進展を促したが、その中核になったのはコンピューター開発だった。地上・空中・海中など広範囲からの核攻撃に対処するため、防衛監視には膨大な観測データの処理能力が求められ、それが高性能コンピューターの実現につながった。集積回路、機械語、多様なソフトウエアなど、今日のコンピューターの基盤技術の多くが、軍の需要を刺激にして短期間に実用化され、一大産業分野を興隆させた（国勢調査の集計や航空券予約の処理など当時の米国特有の民生上の需要の後押しもあったが）。

軍事的優位を確保するために必要な先進技術の開発を進める科学力が米国を戦後

超大国に押し上げたが、それは経済力の裏打ちがあって可能になったことだった。冷戦の敗者になったといわれるソ連は、そうした科学と軍事と経済の総合力競争についていけなかったのである。

一大軍事科学振興機関の成立

こうして軍事科学大国となった米国を象徴する中核的機関が設立されたのも、冷戦下だった。一九五七年、ソ連が世界初の人工衛星スプートニクの打ち上げに成功した。米国はこの出来事に大きな衝撃を受けたが、それは、宇宙開発でソ連に先を越されたというだけのことではなかった。人工衛星の打ち上げを可能にしたのは大陸間弾道ミサイルの技術だった。スプートニク・ショックは、科学力の競争で敗れた屈辱だけでなく、いつ米国がソ連の核ミサイル攻撃を受けるかわからない軍事的脅威への恐怖でもあったのだ。

この事態を受け、米国政府は一九五八年に、国防総省に「高等研究計画局 Advanced Research Projects Agency, ARPA」を新設した。ARPAは、米国の軍事技術上の優位が脅かされる事態が二度と起こらないようにするために設けられた科学機関だった。それは、近い将来に実現可能な兵器システムを見極め、さらにその先に出てくると予想される技術を先取りすることを目標として、研究の計画と実施を支援・助成することを業務とした。軍事目的で科学研究に先行投資をする機関として作られたのである。ＡＲＰＡの特徴は、民間から雇用するプロジェクト・マネージャーに大幅な裁量権を与えて研究計画の立案・策定と実施の監督をさせるところにある。プロジェクト・マネージャーの大半は目利きの科学者で、将来の軍事応用に有望だとみた研究対象を選んで支援する。第二次大戦中に設けられた軍事研究推進のための国家機関の組織原理を引き継いだ部局だといえる。

ＡＲＰＡは設立初期には、核攻撃に対処するための弾道ミサイル迎撃技術と早期警戒システムの開発研究を主な業務としていた。だが米国が朝鮮戦争、ベトナム戦争など、戦場と敵の性格が異なる多様な軍事行動をするようになるのに伴い、支援対象とする科学・技術の分野は広げられていく。

その端的な例の一つが、心理戦プログラムの研究だ。朝鮮戦争では、米国兵捕虜に行われた共産主義陣営による「洗脳」テクニックの分析と対処法の心理学研究が行われた。さらにベトナム戦争では、ゲリラの士気を挫けさせる情宣技術の開発支援=「説得と動機」作戦の計画や、「ベトコンの士気と動機」調査が実施された。心理学者や文化人類学者が動員され、敵の異なる文化や慣習と人間関係の性質が、戦闘遂行の動機にどうつながるのかが研究されたのである。第二次大戦後、米国の心理学や社会科学の多くは、国防機関からの助成に支えられ発展したという。

ARPAはベトナム戦争で枯葉剤の開発と散布作戦の実施を主導して悪名を馳せたが、最も真価を発揮したのは、軍の指揮・統制・通信システムの開発研究だった。その中心になったのが、情報技術とコンピューター科学である。レーダー電波や画像に加え音や熱、振動など、ベトナム戦争の主戦場となった密林地帯での軍隊の所在と移動を探れる各種センサーを開発・実装し、多種多様なセンサーが感知したデータ情報を偵察センターのコンピューターに送信して分析と解釈を行い、攻撃や防御の作戦指令を出す指揮・統制システムが構築された。これはベトナム戦争中、ARPAの行った最もハイテクなプロジェクトだったという。この指揮統制システムは、人間の指揮官と情報の収集・処理に関わる機器（コンピューターがその中核を占める）を結合させる、新しい軍事技術のあり方を先駆的に示したものだった。それは人間と機械・コンピューターの協同（ヒューマン・マシン・インターフェイス）という、今日幅広い応用が目指されている先端科学・技術につながる研究開発だった。

国防総省のスーパーコンピューターは、軍事行動に大きく影響する気象のモデリング（観測と予測）の研究にも使われた。ARPAはそれをさらに進めて、気象を改変する技術の研究も計画する。敵国の気象を操作して、たとえば台風を起こして上陸させるといったことができれば、兵器に使えるという発想だ。だが結局一九七二年に米国政府はその計画を放棄、一九七八年に、環境改変技術の軍事的使用を禁止する条約が発効することになる。ここで開発されたスーパーコンピューターによる気候モデリングの技術は、その後の地球温暖化の予測に関わる科学・技術につながるものだ。冷戦下の軍事研究は、気象学・地球科学の進展にも寄与したといえるだろう。

ARPAは、一九七三年に議会から、経費節減のために、国防に関する明確な軍事目的の研究に支援対象を限定するよう求められ、「国防高等研究計画局 Defense Advanced Research Projects Agency, DARPA」と改称されて、今日に至っている。だが次にみるように、その研究助成対象は広がり続け、基礎研究・応用研究の世界最大のパトロンといわれるまでになっている。DARPAは、科学・技術と国家・軍事の融合の深化と常態化を体現する機関なのである。

湾岸戦争から対テロ戦争の現在まで——進む未来の軍事科学技術の先取り

その後DARPAは、レーザー誘導爆弾・ミサイルや無人偵察・攻撃機（ドローン）、全地球測位システム、遠隔のコンピューター間でデータのやり取りや通信を行うネットワーク技術の開発に関わった。そしてそれらのすべての技術を結合した自動偵察攻撃複合体「アウトブレイカー」プログラムの研究開発を行った。これは軍事における革命だと評価され、その実力は、一九九一年にイラクを相手に米国中心の多国籍軍が戦った湾岸戦争で痛ましいほどに発揮されて、世界中が目にすることになる。そしてこの研究の成果は軍事にとどまることなく、民生に転用されて、私たちの生活のあり方を大きく変える多くの技術をもたらした。コンピューターを結ぶネットワークはインターネットとなり、全地球測位システム＝GPSも、民間に開放されたのである。

このように軍事研究は、私たちの生活を支える科学・技術といっそう深く結びつくようになった。別の興味深い例としては、指揮統制システムを仮想現実空間で動かす技術の開発がある。当初それは戦闘機のパイロットや戦車の搭乗員の訓練用シミュレーターとして開発された。空や陸での模擬戦闘をリアルな仮想空間の中で行えるようにしたのである。この訓練用のヴァーチャル空間は、その後さらに改良が進められ、多勢の者が同時に世界のどこからでも参加できるものに発展した。多数の兵からなる軍隊の行動をシミュレートし、訓練を行えるようになったのである。また実際の想定戦場（たとえば中東の砂漠地帯や紛争国の市街地など）を正確にシミュレートしたヴァーチャル空間も作られるようになった。このシミュレーション・システム技術が民間に転用されて、大規模多人数同時参加型オンラインゲーム（MMORPG）が作られることになる。

このように多くの軍事・民生転用技術の開発に関わってきたDARPAだが、もともと物理学・機械工学志向が強く、一九九〇年代初めまで、生物学・生命科学の進展とその軍事利用には関心が薄かったという。その状況を変えたのは、旧ソ連の生物兵器プロジェクトに関わった科学者の亡命だった。一九九二年、亡命科学者の証言から、DARPAは、生命科学が次の軍事革命を起こす可能性があると認識するようになった。遺伝子工学を基盤にして急速に発展した生命科学は、高度の生物兵器を製造できる力を持つようになっていたからである。しかもその技術は比較的安価で容易で、テロリスト組織が利用しやすいものでもある。こうして生物兵器による攻撃を防御する技術の研究がDARPAの優先課題となった。二〇〇一年に実際に米国内で炭疽菌テロが起こって被害が出ると、バイオテロ探知システムの開発も進められた。監視カメラと顔認証システムを統合し、市民生活の場を広範に、本人の同意なしに監視対象として情報を収集するプログラムが計画されたが、国内では反発が強く実現しなかった。この監視システムは、対テロ戦争で、外国の紛争地域の監視プログラムとして実施されることになる。

こうして生命科学重視に舵を切ったＤＡＲＰＡは、遺伝子工学、再生・合成生物学、脳科学などの最先端研究を助成対象とするようになった。それらはもちろん、遺伝子改変された生物兵器の防御技術の開発、戦傷兵の失われた四肢の再生、帰還兵のＰＴＳＤ（心的外傷後ストレス障害）の治療技術の開発といった軍事目的の助成だが、民生上の応用にもつながる基礎研究の進展に大きく寄与できるだけの潤沢な資金提供を行っていて、ＤＡＲＰＡは今や生命科学の振興でも非常に目立つアクターとなっている。

この流れの延長で、ＤＡＲＰＡは、機械工学だけでなく生命科学・脳科学を応用した兵士の能力の増強技術の研究にも力を入れている。そこでは身体能力の増強だけでなく、ＤＡＲＰＡがこれまで開発してきた指揮・統制・通信コンピューター・システムと兵士の脳を繋ぐことによる認知・情報処理能力の増強も視野に入っている。この兵士の能力の増強という最先端分野の動向と問題点は、第二部の第４章で詳しくみてみたい。

さらにＤＡＲＰＡが未来の兵器システムとして研究に力を入れているのが、高度な人工知能を搭載した自律無人兵器の開発である。無人機ドローンの開発研究はベトナム戦争時にまで遡るが、そこにコンピューター開発の最先端である人工知能技術を統合し、人間が作戦上の決定と運用に関与する度合いを減らして、自律度を高めた兵器システムを作ろうというのである。この自律兵器システムというもう一つの最先端分野の動向と問題点についても、第二部の第3章で詳しくみることにしたい。

日本ではどうだったか——戦前の科学・技術動員体制

日本は十九世紀後半、幕末から明治維新を経て、本格的に西洋の文明を取り入れ近代化を進めようとした。その一環として科学・技術も国家によって組織的に輸入され、国内への普及が図られた。この国策を担う機関として設立された帝国大学は、「国家の須要」に応じる学術技芸の教授と研究を目的とすると設置令に定められた。明治国家の目標は「富国強兵」だったから、科学研究と技術開発の国家による軍事利用は国是であり、科学者・技術者もそれに従うのが大勢だった。帝大工学部には、火薬学科と造兵学科が設けられた。微生物学・熱帯医学、電気通信、低温科学、流体工学など、軍事面で重要な科学・技術分野を専門とする様々な試験研究機関が、大学の内外に作られていった。

昭和に入って軍部による戦争拡大が進むと、一九三八年に国家総動員法が制定され、科学研究と技術開発も戦時体制に組み込まれてゆく。一九四〇年には科学動員実施計画綱領が閣議決定された。太平洋戦争中に科学研究費は大幅に増額されていくが、その予算の中心は文部省ではなく陸海軍だった。

こうしたなか、日本でも原子爆弾の開発研究が理化学研究所と京都帝国大学で行われた。だが米国に比べその予算は非常に少なく、原爆に必要なウランの濃縮を実現できずに終わった。原爆開発に携わった物理学者は、若手研究者の兵役を免除させて戦地に送らないようにできるから、軍の要請を引き受けたと戦後語っている。科学者の軍事動員には、そのような一面もあった。

また原爆開発研究費の一部は、サイクロトロン（荷電粒子の加速器）を使った原子核の学術的研究に使われ、軍部もそれを認めていた。戦時動員下でも、軍事目的でない基礎科学研究の振興が行われていたのである。ちなみに戦後、占領軍はこの日本のサイクロトロンを原爆開発に使われていたと誤解して破壊、破棄してしまった。これには米国の科学界からも非難の声が上がり、陸軍長官が非を認め謝罪する事態となった。

戦前・戦中に日本では生物兵器の研究開発も行われた。旧日本陸軍の関東軍防疫給水部、悪名高い七三一部隊がその中心的存在だった。この組織は、戦争を契機として進められ発展した日本の疫学研究を基礎としていた。日清戦争で死亡した日本兵の九割近くが病死だったことを受け、政府は戦場での疾病予防の研究に力を入れた。その結果、野戦病院の設置、医療者の部隊への配置、衛生管理の徹底などが諸外国に先駆けて行われた。これにより日本の微生物学と疫学は大いに進み、二〇世紀初頭、世界のトップクラスに達したという。七三一部隊を率いた細菌学者石井四郎（一八九二年～一九五九年）は、この伝統を継ぐ科学者なのである。しかし彼は防疫から細菌兵器の開発に進み、非道な人体実験を組織的に実施した。戦争により進歩した科学から、あってはならない鬼子を生んでしまったのである。

戦後日本の科学者と軍事研究

　太平洋戦争敗戦後、日本の科学者は国家による軍事動員から解放された。一九四七年に制定された学校教育法は、大学の目的を、「国家のために」ではなく、「社会の発展に寄与する」と定めた。一九四九年に発足した日本学術会議は、一九五〇年に、「戦争を目的とする科学の研究は絶対にこれを行わない」とする声明を総会で採択した。ただこの声明には異論もあり、学者の間で軍事研究の範囲や関与の是非について議論がたたかわされた。

　そのようななかで、一九五四年に、北海道大学低温科学研究所の物理学教授中谷宇吉郎が、米国空軍の依頼で研究費をもらい、雪の結晶の形成に関する研究を行おうとして、物議を醸した。この研究は、気象観測の基礎になる科学的意義があることに異論はなかったのだが、米軍の依頼によるもので軍事応用されうる点が批判されたのである（北大低温科学研究所は一九四一年に設立され、中谷は戦時中、軍用機の発着に関わる重要課題だった翼への着氷などを対象にした軍事研究を行っていた）。

北大低温研は、米空軍が助成する研究は認めないとしたため、中谷は北大で実験を行うことを断念し、運輸省の研究所で行うことにした。すると、この研究への批判は収まってしまった。当時この問題を議論した科学者たちは、軍部が助成する研究を大学で行うことに反対しただけで、軍事関連研究そのものに反対していたのではなかったと考えざるをえない。

米軍は、日本のほかの大学にも研究の助成をしていた。米国陸軍極東研究開発局からの研究費の提供を、三七の大学・研究機関が一九五九年から受けていたと、一九六七年に新聞で報じられた。この米軍の資金援助を受けた研究の三分の一が、ウイルスや細菌などの微生物研究だった。米軍の生物戦研究の一環になる助成だったと考えられる。報道を受け、北大や阪大など一部の大学は研究費を返上し、国立大学協会は、米軍からの援助を受けることは好ましくないとの統一見解を出した。日本学術会議も、軍事目的のための科学研究を行わないとの声明を再度出した。

日本政府も、一九五〇年代から六〇年代には、原子力研究や宇宙開発について、「平和目的に限る」という姿勢を明らかにしていた。だが冷戦終結後の世界情勢の変化のなかで、徐々に政府の姿勢は軍事関連研究の推進を企図する方向に動いていった。二〇〇八年に成立した宇宙基本法では、宇宙開発の目的に「安全保障に資する」との一句が加えられた。さらに防衛省は民生分野での研究を活用する方針を取り始め、二〇一五年、技術研究本部を防衛装備庁に移管統合し、同庁を通じて大学などの民間での研究開発を助成する、安全保障技術研究推進制度を開始した。こうして日本では、軍事利用可能な民生分野の研究を取り込む体制の整備が進められた。科学研究と技術開発は、そのような形で国家・軍事と関わるようになったのである。こうした日本の最近の動向とその問題点については、次の第2章であらためてみてみたい。

科学・技術と戦争・軍事の関係をどうみるか

ここまで古今東西のいろいろな例をみてきたが、では、科学・技術と戦争・軍事は、どのような関係にあるとみればよいだろうか。

宇宙物理学者の池内了は、戦争と軍事研究が科学を発展させることはありえないと述べている。科学研究が行う様々な自然の現象の解明は、軍事や戦争と直接関連することはない。戦争の必要性に導かれて行われる軍事研究が発展させるのは、科学研究ではなく技術開発だというのである（『科学者と戦争』）。

これに対し安全保障専門のジャーナリスト、アーネスト・ヴォルクマンは、自然界の秘密を解き明かす「純粋」科学と、解き明かされた秘密を戦争に用いる「応用」科学ないし技術開発は別物だとして、軍事による破壊的な利用から距離を置きたがるのは、純粋科学の主流派の悪い癖だという。戦争は人類に凄まじい苦痛をもたらすとともに、進歩の大半を生み出す原動力ともなった。戦争による進歩を支えたのは主に科学であり、科学の発展に拍車をかけたのが戦争だった。ヴォルクマンは、そう述べている（『戦争の科学』）。

確かに、本章でみてきた、古代アレクサンドリアの学問所による科学の振興、中世の火薬開発と錬金術の化学への脱皮、ガリレオの望遠鏡と天文観測、近世の城郭と大砲と微積分学などの発達、近代の国家エリートとしての科学者の養成、第一次大戦と脳外科と脳科学、第二次大戦から冷戦下のコンピューター科学、日清戦争と疫学、それに近年のＤＡＲＰＡによる生命科学研究の助成などはみな、戦争のための軍事研究が科学の発展に拍車をかけた例だといえるだろう。

科学研究と技術開発は、目的と性格が異なる営みで、はっきり区別しなければならない。それはもっともなことだ。だが、技術開発の元になるのは科学研究による知見であることは、すべての科学者が認めるところだろう。だから、技術開発にすぐ役に立つ応用科学だけでなく、基礎科学にも国は助成を増やすべきだと、多くの科学者が訴えている。科学と技術はそれだけ密接なつながりがあるのだから、戦争で技術が発展すれば、その元になる「純粋」科学も影響を受けないはずはない。新しい技術が生まれれば、それを使って新しい科学が発展することもあるだろう。コンピューターの急速な実用化が、一九五〇年代末に人工知能という新しい研究分野を拓いたのは、その一例だ。軍事研究によって科学研究が進むことはまったくありえないとは、いえないのではないか。

戦争と科学を結びつけるのは、科学・技術を常に振興し利用することが、軍事的優位を保つ鍵となるという考え方だ。これは現在のＤＡＲＰＡの行動原理の基本となる考え方だが、古代のアレクサンドロス大王もまったく同じであり、人類の歴史を通じて一貫して主張されてきた命題なのだ。

しかし戦争目的での科学の振興を、科学の観点からだけでなく軍事の観点からもすべて正当化できるかというと、そうではない。調査報道ジャーナリストのアニー・ジェイコブセンは、DARPAの活動は、軍事に役立つと認められる科学の進歩と、そうは認め難い度を越した科学の追求をどう区別するのかについて、様々な議論を引き起こしてきたという。いったい何が正しくて何が正しくないのか。たとえば、クローン人間や高度な人工知能を軍事目的で作ることは許されるだろうか？（『ペンタゴンの頭脳』）。DNA配列が同一の個体を生み出すクローン技術は、優秀な軍人をコピーし家畜のように量産するという応用が考えられる。高度な人工知能は、人間の関与なしに殺傷を行う自律した兵器（「殺人ロボットマシン」）の開発につながる。

物理学者であり小説家でもあったC・P・スノーは、一九六四年にこう書いている。「科学者たちが愛国心に駆られ、自分の『純粋な』研究を国のため使おうと決断するのは、たいへんけっこうなことだ。だがそれをやってしまうと、科学は道義という名のエスカレーターに乗せられ、容易なことでは降りられなくなる。どこで降りればよいという判断を、はたして科学者は下せるのだろうか？　恐るべき大量破壊兵器を開発しろと祖国から注文された瞬間が、このエスカレーターの降りどきだったことを、なぜ「第一次大戦で毒ガス兵器を開発した」フリッツ・ハーバーは判断できなかったのか？」（『戦争の科学』より、茂木健訳。［］内は筆者補足）。

日本軍部に協力して細菌兵器の開発に走り、非道な人体実験まで行ってしまった石井四郎も、降りどきの判断を下せなかった科学者の例に加えられるだろう。だが、ことは単なる道義ではなく人命と人権に関わる問題なので、科学者個々人の良心と判断だけには任せられない。戦争で敵に勝ち国を守るためという大義を名目とした、度を越した科学・技術の探究を抑えるには、軍部と科学者の行動を社会全体で規制することも必要だ。その実例が、戦後発展した国際人道法に基づき、特定の兵器の開発と使用を禁止する条約の制定である。

一九五八年、設立間もないＤＡＲＰＡは、大気圏外に核ミサイルを複数打ち上げて爆発させ、そのパルス効果でバン・アレン帯のような放射能のドームを作って、そこを通過してくるソ連の弾道核ミサイルの計器を狂わせ、着弾しないようにするという、とてつもない規模の実験を実施した。結果はまったくの期待はずれだったというが、このような大量の核爆発を起こす実験は、まさに度を越した探究というほかない。事実、この実験が行われたのと同じ時期に、ジュネーヴで米ソの専門家が会合を持ち、核実験停止を呼びかけるのは可能だとの結論を出していた。これが一九六三年に米英ソのイニシアティヴで発効する、部分的核実験禁止条約（「大気圏内、宇宙空間及び水中における核兵器実験を禁止する条約」）の制定につながった。国防のためという大義に乗って度を越した研究者は、この条約によりエスカレーターを降りざるをえなくなっただろう。

続いて一九七五年に生物兵器禁止条約（「細菌兵器（生物兵器）及び毒素兵器の開発、生産及び貯蔵の禁止並びに廃棄に関する条約」）、一九七八年に環境改変兵器禁止条約（「環境改変技術の軍事的使用その他の敵対的使用の禁止に関する条約」）が発効する。化学兵器禁止条約（「化学兵器の開発、生産、貯蔵及び使用の禁止並びに廃棄に関する条約」）は、遅れて一九九七年に発効した。締約国は条約の内容を遵守するための国内法の整備を行わなければならない。こうしてこれらの兵器に関する軍事研究には歯止めがかけられたのだが、防御に関する研究は別だとされているので、生物化学兵器の研究がまったく行われなくなったわけではない。

こうした大量破壊兵器の規制とは別に、人道に反するとされた通常兵器を禁止・制限する条約（「過度に障害を与え又は無差別に効果を及ぼすことがあると認められる通常兵器の使用の禁止又は制限に関する条約」）もある。本体は一九八三年に発効し、禁止または制限すべき兵器は、締約国会議でそのつど附属議定書によって指定される。これまで、ブービー・トラップと対人地雷、焼夷弾、失明させることを目的としたレーザー兵器などが禁止対象にされてきた。最近の例では、先にみた、DARPAが未来の軍事技術として研究中の人工知能を搭載した自律殺傷兵器を、この条約の対象にして開発を禁止または制限するべきかどうかが議論されている。自律殺傷兵器の問題については、第二部の第3章で取り上げる。

兵器システムの開発研究では、対人効果を検証する目的で、人間を対象にした実験をすることがある。日本陸軍やナチス・ドイツが行った第二次大戦中の非道な人体実験を二度とできないようにするために、戦後、人体実験を規制する倫理的・法的規範が整備されていった。その対象は軍事研究を超えて、民生分野の人体実験にも及ぶのだが、この問題については、第二部の第5章で詳しくみてみたい。

科学研究と技術開発の戦争・軍事との関わりは、戦時だけでなく平時の問題としても捉える必要がある。平時にも軍事研究は行われる。近年のDARPAや日本の防衛省の動向からしても、直接に軍事目的ではない科学研究に、多額の助成費がつけられるようになっている。国防関連予算からの研究助成で科学研究が進むのは、戦争で科学が進むこととは別の問題だと考えるべきだろうか。民生分野の研究と軍事関連研究は、どのように関わるようになっているのか。科学・技術の戦争と平和は、切り分けられるのだろうか。次の第2章で、あらためて考えてみよう。

第2章　軍民両用
——科学・技術の戦争と平和

ゲノム編集は大量破壊兵器？

　生物の遺伝子を構成するＤＮＡの配列を、人工または生体由来の酵素を使って切り貼りして、特定の部分を削除したり置き換えたり、まったく別の配列を挿入したりできる技術を、ゲノム編集という（ゲノムとは、生物が持つＤＮＡの総体のこと）。ここ二十年ほどの間に開発が進んだ新しい遺伝子操作技術で、一九七〇年代に開発された遺伝子組換えよりも高い効率と精度で、短い時間で生物の遺伝子を改変できる。なかでも大腸菌などの細菌が異物を排除するために備えていた仕組みを基にした「クリスパー・キャスナイン CRISPR-Cas9」というゲノム編集技術が、二〇一三年以降、安価で容易に作製し使用できる遺伝子改変のツールとして実用化され、生命科学研究の基盤技術として急速に普及した。この業績が認められ、クリスパー・キャスナインを開発した二人の女性科学者に、二〇二〇年度のノーベル化学賞が授与された。

　その一人、米国の生化学者ジェニファー・ダウドナは、二〇一七年に出した著書で、たいへん気になることを書いている。米国の国家情報長官が毎年議会に出す「世界規模の脅威の評価」という報告書の二〇一六年版で、ゲノム編集が、巡航ミサイルや化学兵器・核兵器と並ぶ大量破壊兵器の一つとして挙げられていて、ショックを受けたというのである（『ＣＲＩＳＰＲ　究極の遺伝子編集技術の発見』）。

この報告書によれば、ゲノム編集技術は有害な生物製剤や製品を生み出すリスクを高めており、誤用されると国家の安全保障に深刻な影響を与えうるという。ゲノム編集は微生物から動植物、人間まで応用範囲は広いが、ここでは、感染力や毒性を強めた病原性のウイルスや細菌を作り出すようなことが想定されているのだろう。たとえば旧ソ連では、遺伝子操作を施して抗生物質に対する耐性を強めた腺ペスト菌を作ったり、脳脊髄炎を起こすウイルスを天然痘のウイルスやペスト菌に移植して交雑株を作り、自然界にはない新奇の病原体を作り出したりする生物兵器研究が行われていたという。

ただその後、二〇一七年版の「世界規模の脅威の評価」報告書では、ゲノム編集は大量破壊兵器の項から外され、「新興の破壊的技術」という項に移された。続いて二〇一八年版の報告書では、ゲノム編集は名指しされなくなり、「バイオテクノロジー」と一括した呼び方で、その潜在的脅威が指摘されるにとどまるようになった。しかし二〇二二年版の報告書では、ゲノム編集がふたたび名指しされ、生命情報科学・合成生物学と合わせて、急速に進歩し新規の生物兵器の開発を可能にする「軍民両用 dual use 技術」であるとされ、警戒すべき対象とされている。安全保障に脅威をもたらす対象を指す見出し語として、大量破壊兵器、破壊的技術に代わって、「軍民両用技術」という呼び方が前面に出されたのである。

＊生命情報科学（バイオインフォーマティックス）とは、生物が持つDNA配列などの情報を、統計やパターン認識、アルゴリズムによる計算などの手法を用いて解析し、生命現象の成り立ちを解明しようとする研究分野。合成生物学とは、生体分子や生命システムを人工的に作り出そうとする研究分野で、膜や核酸などの部品を合成して細胞を作る化学工学的手法や、ゲノムを合成してそこから自然界にはない人工の生命体を生み出す分子遺伝学的手法がある。

軍民両用とは何か

　科学研究と技術開発の成果が、民生目的と軍事目的の両方に使われることを、軍民両用（デュアルユース）という。大量破壊兵器にも発電にも使われる原子力が、その最も深刻な例だ。ノーベル賞の原資となったダイナマイトの発明も、軍民両用の一例である。

　先にふれた「世界規模の脅威の評価」報告書二〇一七年版の「新興の破壊的技術」の項では、ゲノム編集のほかに、人工知能、多種多様な機器を相互接続して一体的に機能させるモノのインターネット、新世代半導体が挙げられていた。つまり、いずれも本来は兵器でもなんでもない民生目的の研究開発だが、もし軍事に転用されれば破壊的にもなり、安全保障上の脅威となりうる、軍民両用の問題がある技術だということなのである。

　軍民両用問題は、科学研究と技術開発が戦争・軍事とどう関わるかを考えるうえで、重要なテーマになる。ただ同じ軍民両用でも、軍事関連の研究開発の成果が民生に転用されることは、ほとんど問題にされない。たとえばインターネットは元来、米国国防総省の国防高等研究計画局（DARPA）によって開発されたものだ。遠隔の複数のコンピューターを結んでデータや通信のやり取りをできるようにすることの技術は、軍の指揮・統制・通信システムの統合をレベルアップさせる目的で開発されたものと考えられる。その研究は一九六〇年代後半から始められ、まずDARPAから委託された研究を行っていた複数の大学のコンピューターを結ぶことから実証実験が進められ、「ARPAネット」と名付けられた。一九七二年には公開デモンストレーションも行われ、接続する大学・研究機関が増えたが、軍によるアクセス制限がかかっていて、ネットの拡大には限界が設けられていた。しかしその後一九八三年に国防総省は軍用のネットワーク「ミルネット」を分離して運用を始め、ARPAネットは民間に開放されて、「インターネット」として発展し普及していった。

このようにインターネットは軍事目的の研究開発の成果が民生に転用された軍民両用の一例で、DARPAの最も成功したプロジェクトだといわれるが、軍事由来の技術であることが問題にされることはまずなかった。むしろ軍の制約が解かれて民間に開放されてから、世界中のあらゆるユーザーの間で個々のネットワークが互いに接続され、インターネットはその真価を発揮できるようになったと考えられる。インターネットの民生転用は歓迎されこそすれ、抵抗や反対の声が上がることはなかったのではないか。

天文学者でネットワーク・セキュリティの専門家クリフォード・ストールは、一九九五年に米国で、爆発的普及を始めたインターネットを批判する本を出版した。その本のなかで彼は、ＡＲＰＡネットは学者のおもちゃのようなものだったのに、会社という会社がインターネットに飛びつくようになって、学術研究用という元来の性格が薄れつつあると評している。彼はインターネットが自由なすばらしい社会を生むという楽観論に疑問を呈し、直の人間同士のふれあいや、図書館などの伝統と実績のある情報インフラが失われていきかねないことに警鐘を鳴らしている。だが軍事由来の技術だということは特に指摘しておらず、まったく問題にしていない（『インターネットはからっぽの洞窟』）。

軍民両用が問題にされるのは、民生目的の研究と開発の成果が軍事に転用されることに対してである。第1章でみたように、古代ギリシアの科学者（当時の言い方では自然哲学者）のなかには、少数ではあれ、科学の知識を国家による軍事利用に提供することに対して、科学の真の目的に反するのではないかと疑問を持ち、悩んだ者がいた。現代の科学・技術の軍民両用問題は、この古代ギリシアの科学者の葛藤を引き継ぐものなのである。

軍民両用への科学者の対応――米国では

では現代の科学者は、軍民両用にどのように対応しているだろうか。まず軍事科学大国の米国の例をみてみよう。

米国では、科学アカデミーの会議が二〇〇四年に、生命工学がバイオテロリズムにも利用されうる軍民両用の問題があることを指摘した報告書を出した。政府は、この報告書の提言に従って、バイオセキュリティ国家科学諮問委員会を設置して、テロでの利用のような望ましくない軍民両用を防ぐためのガイドラインや教育プログラムの策定を行うようになった。

一方で、米国では多額の軍事予算が様々な生命科学研究に出資されている。その他の科学分野も含めて、軍関連の研究助成を米国の大学の多くが受け入れている。二〇〇二年の全米大学協会の報告書によると、三五〇近くの大学が国防総省と研究契約を結んでおり、その六〇％は基礎研究に充てられているという。そこには軍民両用の可能性のある研究が多く含まれているだろう。

科学ジャーナリストの須田桃子は、米国の軍事科学研究の最大の出資元の一つであるDARPAを直に取材し、本書第1章でみたその歴史と現状について知ったうえで、留学先の州立大学の生命工学関連研究施設で、軍民両用につながりうるDARPAからの研究助成を受けるか受けないか、研究者の間で異なる意見があることを見出した（『合成生物学の衝撃』）。

DARPAは二〇一四年に「生物技術研究室」を新設し、生命科学系の研究への助成を大幅に増やしてきた。これらの研究助成についてDARPAは、攻撃兵器になるような直接の軍事技術開発ではなく、民生利用できる成果が期待できるもので、機密指定の研究はほぼなく、論文発表は基本的に自由で透明性は高いと主張している（米国の大学では、機密指定の研究は行ってはならないとの方針を明示しているところが少なくない）。

だがDARPAの研究助成に批判的な研究者の一人は、DARPAは兵士を守り戦争に勝つことしか考えていない、民生上役立つ成果が出たとしても、それはあくまで副産物にすぎないと、取材した須田に語っている。病原生物を操作し駆除できる生命科学の知識を兵士の防疫に役立てるのは、兵器の開発ではないにしても、感染の危険がある地域で軍隊が戦闘を行うのを支えることになる。研究がそうした軍事的な方向に向かわないように確認することが、科学者の責任であり倫理規範であると彼はいう。

また須田が取材した別の研究者は、DARPAからの研究費を受け取らないと決めたが、それは、自分の属する研究機関が軍事研究に参加したという印象を社会に与えることで、中立的な学術機関としての信用が損なわれるのを恐れたからだと述べている。彼は、自分の研究成果が軍事利用されかねないと深刻に懸念したわけではない。個人的には、米国には十分な軍備が必要だと思っているという。

他方で、DARPAの研究助成に進んで応募する研究者もいる。須田が取材したその一人は、DARPAの研究助成は、米国のほかの研究助成と異なり、非常に野心的で、科学の可能性の境界を押し広げようとしているので、そのプロジェクトに参加するのは刺激的で魅力的だと語る。

またDARPAのプロジェクトに参加すると決めた別の研究者は、軍部が出資したすべての科学研究が死と破壊につながったという見解には与《くみ》しないと須田の取材に答えている。大学で行われた防衛予算による研究からは、兵器に直接応用されず、社会に利益をもたらす技術革新を生み出してきたものも多いと感じているからだ。さらに自分が参加するプロジェクトに関していえば、科学的に意義があるだけでなく、研究の一環として市民参加や倫理にも関心が払われていたことを評価したという。それは軍部がこれまで必ずしも受け入れてこなかった要素だ。彼はこのプロジェクトチームの中で、研究への市民参加（パブリック・エンゲージメント）を積極的に担う人材になれると判断し、参加を決めた。ただこの研究者は、軍部の予算であることへの懸念を完全に払拭したわけではなかった。研究の成果が気にやむような方法で利用されない保証はないからだ。

科学界と軍事の望ましい関係――倫理学者はこう考える

米国の生命倫理学者ジョナサン・モレノは、脳科学研究が国防・軍事とどう関わっているかを探究した本の最後の章で、科学が大きな力を持つようになり、科学を利用するための知識を持つ人が多くなるにつれて、軍民両用がますます切迫した問題になってきていると述べている（『操作される脳』）。

だが当の脳科学者たちは、国防総省から研究助成金をもらっていても、戦争行為に加担しているとは思いもしないのが普通だと、モレノはみる。民間からの資金だけで研究していても、国防関連機関は常にその成果を利用できないか探っていると話すと、驚かれたという。科学者のなかには、自分たちの研究から軍事利用できそうな何かが引き出せるかもしれないという考えを頭から追い出してしまっている者がいるのだ。誰が研究費の出し元であろうとも、自分はやりたいことだけ研究すればいいと信じている者もいる。確かに、そのように賢く立ち回れる研究者もいるだろう。だが長い目でみれば、研究が進めば軍民両用の機会は避けられなくなるとモレノはいう。

ではどうすればよいか？　国防関連機関からの研究の委託や助成を受けるのをすべてやめるべきだという意見が当然ある。研究で蓄積される脳に関する知識を軍が利用することを禁止すべきだという人もいるだろう。だがモレノは、そうした「純粋主義的なアプローチ」は問題の解決にはならないと退ける。民間の科学研究者が国防関連機関と一切手を切ってしまったら、軍事研究はすべて軍の内部で行われるようになり、社会の目が届かなくなって、政府と国防機関に忠実に従うだけの科学者集団ができてしまう。そのように国家に完全に掌握された科学研究は、文民統制（シビリアン・コントロール）が及ばない危険なものになってしまう。それは避けなければならない。

モレノは、危険に満ちた現代世界において、軍民両用の科学研究は市民を守るためにも必要だと認める。だが軍事関連研究においても、科学研究のプロセスはできるかぎり正常に保たなければならない。そのために、科学界と学術研究機関は、国防関連機関との関係を拒絶せずに保ち、軍民両用研究でどういうことが行われているかを社会に伝えるべきである。研究助成を受けることで、国防関連機関をアカデミックな研究の場に結びつけ、開かれた社会にとどめておくべきだというのだ。

そこで研究者が国防関連機関と関係を持つために必要な条件や、適正な研究の要件などを定めたガイドラインをつくる議論を、科学界自身が行う必要があるとモレノは提言する。特に、大学や研究機関ごとに異なる軍事機密研究の取り扱い方針を標準化し、軍事関連研究に対して科学界が最大限可能な透明性を要求する役割を果たせるよう努めるべきだとしている。

また、生命科学・医学系の軍民両用研究では、人間を実験対象にすることがあるので、そうした実験研究を適正に管理し、被験者（実験研究の対象になる人）を保護する規定をガイドラインに入れる必要があるとも指摘する。この点については、第二部の第5章であらためて詳しくみることにしたい。

私は以上のモレノの意見に、大いに賛同する。次にみる日本の状況に対して求められる対応としても通じる考え方だと思う。

もう一点付け加えておくと、須田が取材した研究者の一人がいっていたように、研究への市民参加や倫理といった、軍民両用研究と社会との関係を巡る問題について、DARPAの姿勢には好ましい変化が起こっていると、モレノも認めている。二〇一一年にDARPAは、軍事的に重要な技術の進展がもたらす社会的・倫理的問題について検討する初めての委員会を主催した。モレノのような研究者にだけでなく、ジャーナリストの取材にも丁寧に応じるようになった。DARPAが、自らの活動に対する一般社会の反応を探る必要を認識するようになったのは明らかだと、モレノはいう。世界的な影響力のある軍事科学機関の社会に対する姿勢のこうした変化が、軍民両用研究の透明性を高め、市民が関心を持ち注視するよう促すことを期待したい。

軍民両用への科学者の対応——日本では

日本政府は二〇一八年十二月に閣議決定した「平成31年度以降に係る防衛計画の

大綱」（防衛大綱）において、「国内外の関係機関との技術交流や関係府省との連携の強化、安全保障技術研究推進制度の活用等を通じ、防衛にも応用可能な先進的な民生技術の積極的な活用に努める」とした。民生分野での成果を取り入れて軍民両用の研究開発を進める方針を明らかにしたのである。

そこで言及されている「安全保障技術研究推進制度」とは、防衛省防衛装備庁が企業や大学などの民間組織に研究助成をする制度で、優れた軍民両用技術を効果的、効率的に取り込む方策として二〇一五年に始められたものだった。この制度ができる前は、防衛省は大学など外部との研究協力・共同研究は行っていたが、研究資金の提供は原則として行わないできた。安全保障技術研究推進制度は、その方針を転換して直接の研究費助成に踏み切った、新たな施策なのである。

安全保障技術研究推進制度では、防衛省が、研究者や有識者からも意見を聴取して助成する研究のテーマを決定し、公募を行う。初年度は、二八のテーマに対して応募されたなかから、大学四件、企業二件、公的研究機関三件の研究が採択された。応募が多かった研究テーマは、金属の電波・光波の反射低減および制御技術と、昆虫や小鳥サイズの小型飛行体の基礎技術だったという。

その後採択数は増え、二〇二一（令和三）年度には、規模別に三つにランク分けされた二三の研究が採択されている。助成先の内訳は、大学五件、公的研究機関五件、企業・民間法人一三件だった。内容は工学系の研究が主だが、「メタ認知の脳情報基盤解明」「超広域リアルタイムイメージングと光操作による脳高次機能の解析」といった認知行動科学・脳科学系の研究も入るようになった（防衛装備庁ホームページ「安全保障技術研究推進制度」より）。

この新たな制度を通じて、防衛予算から研究費をもらう大学の研究者が出てきたため、日本学術会議は対応を検討し、二〇一七年三月に、「軍事的安全保障研究に関する声明」を幹事会決定として出した。この声明ではまず、第1章でみた、戦争・軍事目的での科学研究は行わないとした一九五〇年と六七年の二つの声明を継承するとした。軍事的安全保障研究は、学問の自由および学術の健全な発展と相反する緊張関係にある、というのがその理由である。安全保障技術研究推進制度についての声明は、防衛装備庁の職員が研究中の進捗管理を行うなど政府による研究への介入が著しく、問題が多いと批判し、研究者の自主性と研究成果の公開が尊重される民生分野の研究資金をもっと増やすよう求めている。

そのうえで声明は、「軍事的安全保障研究と見なされる可能性のある研究について、その適切性を目的、方法、応用の妥当性の観点から技術的・倫理的に審査する制度を設けるべきである」とした。さらに、「学協会等において、それぞれの学術分野の性格に応じて、ガイドライン等を設定することも求められる」としている。大学などの学術研究機関が軍事関連研究を行う可能性があることを全否定はせず、一件ごとに適切かどうか審査して是非を判断せよ、というのである。個々の学術研究機関が判断を下す際に基準にできるようなガイドラインを、学会などがつくる必要も認めている。

この声明が出る以前にすでに、安全保障技術研究推進制度による研究は差し控えるべきである（琉球大学）、同制度への申請は認められない（関西大学）と機関としての方針を明らかにしていたところもあった。一方、学術会議の声明が出た直後にNHKが行ったアンケートでは、応募を認める（東京農工大学）、審査を行ったうえで判断する（熊本大学など一五大学）との回答があって、応募を認めないと答えた九州大学など一六大学と拮抗していた。声明の一年後に学術会議が大学等の研究機関を対象に行ったアンケート調査でも、軍事的安全保障研究とみなされうる研究は一切認めないと回答した機関が一〇、そうした研究が行われる可能性はほとんどないと回答した機関が二七あった一方で、安全保障技術研究推進制度への応募を認めたことがあると回答した機関が三〇あった。

個々の研究者の間でも意見は分かれていて、たとえば日本天文学会が二〇一八年に行った会員アンケートでは、回答者の五四％が安全保障技術研究推進制度には反対だとしたのに対し、賛成だとした回答者も四六％いた。年齢が若くなるほど賛成と答える割合が多かったが、それは、まだ確固とした地位や実績がなく研究費獲得が難しい若手の研究者は、防衛予算からの助成でも受け入れたいという意識が強まるからだと思われる。

こうした傾向は、科学界全体についていえることだろう。軍民両用が目指される研究にはけっして関わるべきではない、いや関わってよい場合も認められる、というはっきりした賛否の意見のほかに、慢性的に不足している研究費を得るにはしかたがないという消極的な事情もあることが、研究現場からの声でうかがえる。

個別の学会レベルでは、日本原子力学会が倫理規程で、原子力の利用は平和目的に限定し、「核兵器の研究・開発・製造・取得・使用に一切参加しない」と明確に定めている。さらに「自らの行動が結果として核拡散に加担することがないように、接触する団体や情報管理等に最大限の注意を払う」と、強い自己規制を会員に課している。だがこれは軍事利用と民生目的の利用をはっきり分けることができる原子力だからいえることで、ほかの科学分野では、是非の線引きをするのは難しい。

たとえば日本物理学会は一九九五年に、武器の研究といった明白な軍事研究でなければ、軍関係の研究助成ないし研究協力を学会としては拒否しないという方針を明らかにした。この方針は、学会員が安全保障技術研究推進制度に応募した場合、所属機関がその適正さを審査し判断する一つの基準になるだろう。何が「武器の研究」にあたるかあたらないかは、個々のケースごとに判断するしかないからだ。

また最近の例では、人工知能学会が二〇一七年に策定した倫理指針で、学会員は、

「直接的のみならず間接的にも他者に危害を加えるような意図をもって人工知能を利用しない」としている。人工知能も、第二部第3章でみるように、軍事に応用される研究開発の最前線にある分野なので、学会がこうした倫理規定を設けたことは評価できる。だがこの倫理規定は、軍事関連研究に学会員が関わることを否定したとまではいえない、腰の引けたものだという観測もある。それだけ現実に人工知能の研究は内容面でも財政面でも軍事と深い関係にあるということなのだろう。だが少なくともこの倫理規定は、物理学会の例と同じように、学会員が軍民両用研究を行う際に、その適切さを判断する審査基準の一つにはなるだろう。これだけで十分であるとは思えないが。

国による軍民両用研究推進のさらなる拡大

二〇二二年五月、経済安全保障推進法という法律が公布された（「経済施策を一体的に講ずることによる安全保障の確保の推進に関する法律」）。経済上の安全保障の確保のために必要な施策を国が行うことを定めたもので、国民生活に重大な影響のある重要物資の安定的供給、基幹インフラ役務の安定的な提供の確保、特許出願の非公開制度に関する規定と並んで、国が先端的な重要技術の開発支援を行う制度を設ける規定が盛り込まれた。

この国による新たな開発支援制度は、「特定重要技術」を対象とする。特定重要技術とは、先端的な技術のうち、外部からの不当な利用や妨害等によって国家・国民の安全を損なう事態を生ずる恐れがあるもの、と定義されていて、具体的には、宇宙・海洋・量子・AI（人工知能）等の分野の重要技術が想定されている。

政府は、特定重要技術に指定した先端技術の研究開発に必要な情報と資金を提供して、支援する。個々の研究開発プロジェクトごとに、資金を出す府省と関係行政機関、研究代表者・研究従事者、関連調査業務を国から委託されたシンクタンクからなる官民協議会を設け、情報管理を行いながら積極的な支援を行う。特定重要技術に指定されて支援対象になると、研究従事者は官民協議会を通じて、担当府省に協力を求められることになる。

ここでいう特定重要技術とは、軍民両用が可能な技術であることは明らかだ。しかもその研究開発の支援を行う国の機関が、防衛省にとどまらず全省庁に拡大されている。防衛装備庁による安全保障技術研究推進制度の全府省版ができたといってよい。支援対象として想定された宇宙と海洋関連の研究では、宇宙航空研究開発機構と海洋研究開発機構を所管する文部科学省が担当に乗り出すだろう。量子技術を含めた通信・コンピューター技術は、総務省の管轄だ。人工知能となれば、産業技術総合研究所を所管する経済産業省も支援担当に名乗りを上げてくるだろう。また、これまでみてきたように気象は軍事と深い関わりがあるが、国土交通省傘下の気象庁は、気象に関わる宇宙開発技術も所掌業務としている。このように日本政府は、国による軍民両用研究開発の推進を大幅に拡充する体制を整えようとしている。

研究成果の使われ方にどう関わるか――科学者の倫理と市民の権利

こうした国の動向に対して、科学研究を行う側は、新たな姿勢で問題に臨まなければならなくなる。これまでは防衛予算から研究費をもらうことの是非が議論され、研究者の悩みの種となってきた。だが今後は、民生分野を所管する府省からの研究助成でも、成果が軍事・安全保障目的で利用される可能性がこれまで以上に大きくなり、その是非が問われるようになる。

科学史研究者の杉山滋郎は、軍民両用研究の是非を考えるうえで、研究費の出処だけを問題にするのでは足りないという(『「軍事研究」の戦後史』)。軍民両用には多様な方向性がある。国防機関が助成する軍事研究の成果が、民生分野で利用されることがある。一方、民生分野の研究助成の成果が、軍事利用されることもある。防衛省が企業に軍事関連研究を委託し、その企業が大学などの研究者に研究委託をすれば、研究者側からすれば民生上の研究費のように見える場合もありうる。実際に研究費の直接の出処が軍関係でないゆえに問題にされてこなかったケースはあるという。

杉山は、研究費の出処でその研究をしてよいか否かを決めてしまうことには、問題があると指摘する。国防予算による研究を否定すれば、その成果が民生で利用される道を閉ざしてしまう。一方、出処が国防機関でないと、民生分野での研究とされ、その成果が軍事利用されることに注意が向かなくなってしまう。

軍民両用可能な研究開発を適正に管理するためには、研究費の出処だけでなく、その成果が利用されるところにも、監視のゲートを設ける必要があると杉山はいう。その通りだと私も思う。そうした監視のゲートの具体例として、研究開発された新薬を医療現場で使う前に安全性と有効性を厳しくチェックする仕組みがあることを、杉山は挙げている。新薬の審査は法令に基づき行政当局が医学者の協力を得て行うが、軍民両用の研究開発の成果の利用を監視する仕組みは、学術会議の声明がいうように、研究者と学術研究機関が主体となって設けるべきだろう。

自分の研究の成果がどのように利用されるかに研究者はもっと注意を向け、その是非の判断に積極的に関わるよう努めるべきだ。科学研究に携わる者には、職業倫理として、立案、実施から結果の発表に至る研究の全体が適正に行われること（リサーチ・インテグリティ）が求められる。成果の利用のされ方に注意を払うことも、研究の全体の一環だと考えるべきだろう。それが軍民両用に向き合う科学者の倫理だといえる。

日本学術会議は二〇二二年七月に、この「研究インテグリティ」について検討した結果を発表した。それによると、最近の議論では、「先端科学技術、新興科学技術がもつ用途の多様性ないし両義性」が問題になっているという。そこでは、研究者の意図しない用途への転用の可能性を排除することはできない。だが、事前にそうした潜在的な転用可能性を評価し規制することは「もはや容易とはいえない」ので、より広範な観点から研究者と大学等研究機関がそれを適切に管理することが重要だとしている（日本学術会議会長 梶田隆章「「研究インテグリティ」という考え方の重要性について」）。学術会議も、研究の成果の使われ方について研究者側の責任が大きくなっていることを認めているのである。

経済安全保障推進法による軍民両用技術の研究開発への参加ないし協力を、認めないと決める大学も出てくるかもしれない。もちろん、国による研究者への協力の要請は、憲法が保障する学問の自由と両立するものでなければならない。研究者には、協力の要請を断る自由と権利がある。しかし、モレノがいうように、日本でも、軍事関連研究を国とその契約機関だけに閉じ込めてしまうのは危険である。大学をはじめとした学術研究機関と関連専門学会は、軍民両用研究に背を向けず、その動向に関与し、安全保障関係の活動を社会の中に繋ぎ止める役割を果たすべきである。

また、研究開発に直接携わらない一般市民も、研究を支える資金で大きな比重を占めるのは自分たちが納める税金なのだから、研究開発の結果とその使われ方を監視し、意見をいう権利がある。軍事関連研究の問題を、軍事や安全保障の専門家だけにまかせていてはいけない。市民が軍事と科学の問題を教養の一環として広く身につけることが、健全な民主社会の存続のために必要なのではないだろうか。

科学・技術の軍事利用は、恐ろしくおぞましくて、つい目を背けたくなる。だがそこには、人間の愚かさと賢さ、悪意と誠実、真面目さと滑稽さが露わになる面があって、知っておく価値が十分にあると思う。人間の本質を学ぶことが教養であるとすれば、戦争と科学の関わりを知ることも立派な教養になる。それを、ここまでの第一部で多少なりともうまく伝えられただろうか。続く第二部では、個別の先端的事例を深く掘り下げて、「市民の教養としての軍事科学研究」をさらに探究してみたい。

第二部　軍事科学研究の進展にどう向き合うか

——最先端の事例から考える

第3章　人工知能兵器はどこまで許されるか

第一部では、科学・技術と戦争・軍事の関わりについて、歴史をたどって現在に至るありようを探った。第二部では、現在から将来に向けて想定される最先端の事例を取り上げ、軍事目的での科学研究と技術開発の進展にどう向き合えばいいか、考えてみたい。

自動化から自律化へ進む兵器システムの開発

搭載した人工知能の働きにより、敵を自動的に捕捉して攻撃する無人機が、北アフリカのリビアの内戦で、二〇二〇年に初めて実戦で使われたとみられる――国際連合安全保障理事会の専門家パネルは、二〇二一年に出した報告書で、そう指摘した。使われたのはトルコ製の徘徊型無人航空機Kargu-2だとされる。「徘徊型」とは、指定された目標地域上空を自動的に飛び回り、発見した、または指令された目標に自爆攻撃を行う兵器をいう。

「カミカゼ・ドローン」とも呼ばれる同種の自動兵器システムは、二〇二二年二月末に始まったウクライナ侵攻で、ロシアも使用した。ロシア製のKUB-BLAという機種だとされている。ロシアはそのほかにイラン製の無人機も使用している。またウクライナも、米国などから自爆型ドローンを供与され、使用したとみられる。

このように現状で実用化されている自動兵器システムは、人間の指令した範囲で索敵と攻撃を行う無人航空機が主だが、無人の地上車両や水上艦艇も開発されている。その主な例を、次頁表1にまとめてみた。これらはいずれも、コンピューター・人工知能を搭載し、人間のオペレーターがそのつど遠隔操作しなくても、一定の範囲で自律的に作動する能力を備えているとされる。

それに対し、さらに高度の人工知能を備え、人間の指令や関与なしに敵を識別し殺傷を伴う攻撃を行う能力を持つ「致死性自律兵器システム Lethal Autonomous Weapon System, LAWS」の開発が企図されている。第一部でみたように、米国国防総省国防高等研究計画局（DARPA）が、未来の兵器システムとして想定し研究しているものだ。

表1　自律性を増す兵器システムの開発例

名称	種類	開発国	用途／自律性能	備考
Drone 40	徘徊型無人航空機	オーストラリア	諜報・監視・偵察、迎撃 自律飛行、標的の識別と追跡	
JARI	無人水上艦艇	中国	諜報・監視・偵察、対潜・対水上・対空戦闘 指令により自律航行・攻撃	
Blowfish	無人ヘリコプター	中国	諜報・監視・偵察、迎撃	民生上の利用もされる
Seagull	無人水上艦艇	イスラエル	水雷対応、対潜戦闘、諜報・監視・偵察、電子戦、海上保安 自律航行・母船からの遠隔操作	
Mini Harpy	徘徊型無人航空機	イスラエル	迎撃／自動追尾、「自律モード」あり	
Marker	無人地上車両	ロシア	迎撃／自律走行、自動標的認識	
KUB	徘徊型無人航空機	ロシア	諜報・監視・偵察、迎撃 探知対象のリアルタイムでの認識と分類	KUB-BLA、ロシアがウクライナで使用
Kargu	徘徊型無人航空機	トルコ	諜報・監視・偵察、攻撃能力もあり 自律航行、自動標的認識・追跡、自律標的追尾	Kargu-2、リビアで実戦使用か
Robotic Combat Vehicle	無人地上車両	米国	偵察、電子戦、地雷除去、迎撃 自律走行、AIによる標的認識、遠隔操作	試作段階
Agile Condor	搭載型高機能コンピューター	米国	諜報・監視・偵察 自動標的認識	様々な航空機、艦艇、車両に搭載可能

出典：Automated Decision Research "INCREASING AUTONOMY IN WEAPONS SYSTEMS", DECEMBER 2021, "Autonomous weapons and digital dehumanisation", NOVEMBER 2022 より、櫛島作成

自律した機械が人間を殺傷することの是非

一切人間の指令なしに、敵を判別し殺傷する攻撃作戦を行う完全自律型の兵器システムは、まだ実現していない。だが技術的な可能性は早くから検討されていて、その是非が問われてきた。人間の生殺与奪の権を機械に委ねるのは、人間の尊厳と人権を著しく損ねる、というのが最も問題にされている点だ。また、自律能力を担う人工知能が敵と非戦闘員の識別を誤って、国際人道法が禁じている、非戦闘員の無差別殺傷が起こる事態も懸念される。さらに、国際人道法は、軍事的利益と釣り合わない過剰な苦痛や被害をもたらす攻撃兵器の使用も禁じているのだが、完全自律兵器システムでは、指揮を司る人工知能が、どれだけの苦痛や被害を過剰で許されないものとするかについて、人間と同じ判断を下すかどうかわからない点も問題とされる。

＊国際人道法とは、戦争または武力紛争において、戦闘の手段と方法を規制し、戦闘

員（特に捕虜）と非戦闘員（文民）を保護する国際法の一分野で、一九四九年制定のジュネーヴ四条約と、それを補完する追加議定書から成る。戦時には、最も基本的な人権である生存権や、人権の基となる人間の尊厳が奪われる事態がもたらされる。国際人道法は、戦時においても、最低限守られるべき人権と人の尊厳を保護するためのルールとしてつくられた。この人道の観点から、武力行使の規制に関して、国際規範となる重要な原則が示されている。戦闘員と非戦闘員を区別し、非戦闘員への攻撃を禁止する区別原則、軍事的に認められる効果を超えた不必要な苦痛・危害をもたらすことを禁止する比例原則などである。第1章でみた生物化学兵器などの禁止条約は、この国際人道法の原則を根拠としてつくられている。

致死性自律兵器システムの問題点と是非については、二〇一〇年代に国際連合の人権理事会や軍縮研究所で、検討が重ねられてきた。また自律兵器システムの開発禁止を求める国際NGOの活動も二〇〇〇年代末に始まり、現在その中核的存在となっている「ストップ！　キラーロボット」が二〇一三年に発足している。これは六〇以上の国の一六〇ほどのNGOが参加する連合組織で、人権団体のアムネスティやヒューマン・ライツ・ウォッチもその一員となっている。

その後国際連合では、致死性自律兵器システムを、特定通常兵器使用禁止制限条約による規制の対象にするべきかどうか、検討することとなった。同条約の運用会議の下で、二〇一三年から非公式会合の場で議論が行われたのち、二〇一七年に正式に政府専門家会議が設けられ、討議が重ねられた。その成果として、二〇一九年に、自律兵器システムの開発と使用に対し、国際人道法の遵守を求めるなどの指針原則が採択された。

だが、その指針原則に基づき、具体的にどのような規制を設けるかについては、議論が難航した。一連の検討の締めくくりとなった二〇二一年十二月の会合において専門家会議は、致死性自律兵器システムを規制するルールと、それを守らせる仕組みについて、合意に達することができなかった。そのため翌週に行われた特定通常兵器使用禁止制限条約第六回運用検討会議は、専門家会議での検討の継続を決めただけで終わった。禁止や強い規制を求める国々（ブラジルなど中南米諸国、エジプトなどアフリカ諸国、オーストリアなどの、旧「非同盟諸国」が中心）に対し、兵器開発を妨げられたくない米国やロシアを筆頭にした軍事大国が難色を示して反対したためである（中国は使用の禁止に賛成しているが、開発研究には言及せず、含みを持たせている）。

ちなみに日本は、条約による禁止などの法的拘束力のある措置を設けるのは関係国の合意がとれず困難なので、専門家会議での議論をふまえた何らかの成果文書を出して、国際社会にメッセージを発するというオプションを提案する、中間的な立場を表明していた。フランスとドイツなども、同じ趣旨の「政治宣言」の採択を提案していた。

二〇二二年に続けられた政府専門家会議でも、参加国間での意見の対立は変わらなかった。米国は、英国、韓国、オーストラリア、日本などと共同で、致死性自律兵器システムに関する原則と指針の案を提出し、国際人道法に照らして禁止すべきだと考えられる兵器システムのタイプを限定するよう呼びかけた。だがロシアなどの反対もあって、同年七月末に出された会議の報告書では、具体的な方策について結論は出せずに終わった。二〇二三年にも政府専門家会議で検討を続けるとされたが、会期の予定がわずかの日数しか立てられず、実効的な規制をつくれる見通しは立っていない。この結果に対し、致死性自律兵器システムの即時禁止を求めてきた国際ＮＧＯは、厳しく批判している。

軍事・軍縮だけでなく科学・技術全般の問題として

このように、国益と外交が絡む軍事の問題となると、国際機関での議論は行き詰まってしまうのが常だ。しかし致死性自律兵器システムの是非は、軍事・軍縮の問題としてだけ議論されるべきではない。それは、自律的に行動できる機械を人間はどこまで受け入れられるか、どのようにそうした存在と関わればよいかという、現代の科学・技術がもたらす問題の一応用例としても位置付け、議論するべきである。致死性自律兵器システムは、高度の人工知能技術に支えられてはじめて実現可能になる。その開発においては、民生分野での研究も活用されることになるので、致死性自律兵器システムの問題は、人工知能研究の軍民両用という観点からも考え、議論する必要がある。軍事・軍縮だけにとどまらない、科学・技術全般の問題として考えなければならないのである。

近代以降の科学・技術の発展により、人間は多くの労働作業を機械にやらせるようになった。人工知能・ロボット技術の進展は、そうした、人間の労働を機械に代行させる流れの最近の一例なのだが、任せる作業が人間の高度な知的機能に関わるものに及ぶことで、強い懸念と反発も招くようになる。兵器システムに人工知能を搭載し、より高度な性能を発揮させようとする研究開発も、人工知能・ロボット技術の応用の一例である。自律兵器システムは、位置情報・周辺監視技術と人工知能を統合したものという点で、車の自動運転技術と共通した性格を持っている。だが、委ねられる人間の作業の代行が、敵を識別して攻撃し殺傷するという次元に及ぶ点が、他の応用例にはない特異な問題をもたらす。

民生分野でも、人間のすることをどこまで人工知能機械に委ねてよいかが問題にされる。たとえば医療分野では、画像などの検査データから、病名を診断し、患部を発見・特定して診療方針の決定を補助する、人工知能を搭載した医療機器が使われ始めている。そこで、患者の生命と健康を左右する医療行為を、どこまで人工知能機器に委ねてよいかが問われることになる。フランス議会は、この問題に対応するために、人工知能を診療に用いるときに医療者が果たすべき義務と責任を保健医療法に定める法改正を、二〇二一年に行った。将来を見越した、先駆的な立法だといえる。

軍事分野でも問題の構図は同じで、人間が行う作戦活動の何をどこまで人工知能機械に委ねてよいかが問題となる。第一部でみた、科学・技術と戦争、民生と軍事が結びつく最前線として、致死性自律兵器システムの問題はある。国防・外交や軍事の専門家の間でだけでなく、一般市民レベルでも、大いに議論する必要がある。

フランス軍事省防衛倫理委員会の意見書

そこで、私たちが知っておくべき問題と論点を明らかにするのに、よい参考になる文書がある。二〇二一年四月、フランス軍事省（日本の防衛省に相当）の防衛に関する倫理委員会が出した、「致死性兵器システムへの自律性の統合について」という意見書がそれだ。

この意見書は、兵器の自動化・自律化を進める最先端技術と国際軍事環境の動向を睨《にら》みながら、他方で国際NGOなどの反対運動も強く意識しつつ、致死性自律兵器システムの倫理的問題と管理の方策を、軍の立場から提示している。致死性自律兵器システムの開発が私たちにどのような問題をもたらすかがよくわかる内容になっているので、以下、じっくり読み解いてみよう。

フランス「防衛倫理委員会」とは

その前に、この意見書を出したフランス軍事省防衛倫理委員会とはどういう組織なのか、みておきたい。

「防衛に関する倫理委員会」は、新しい科学・技術の動向が国防にもたらす倫理問題を検討するために、軍事大臣直属の諮問組織として二〇一九年末に設置された。メンバー一八名のうち、軍人は元参謀総長の副委員長を含め六名だけで、委員長は国務院（コンセイユ・デタ、日本の内閣法制局に相当）出身の文民官僚で、彼を含め一二名が非軍人である（うち四名は軍関係の職歴があるが）。女性七名に男性一一名と、男女のバランスも配慮されている。専門分野も、医学、法律、経済、歴史、哲学、情報技術など多岐にわたっている。

この新設の委員会に軍事大臣が諮問した課題は、第一に、次の第４章で取り上げる兵士の強化技術の問題、そして第二が、自律兵器システムの倫理的検討だった。またその後、この二つの課題の延長として、兵士のデジタル環境の問題が諮問され、二〇二二年四月に意見書が出されている。

ちなみに防衛倫理委員会設置を主導したフロランス・パルリ軍事大臣（当時）は、トップエリート官僚を養成する国立行政学院（エナ）の出身で、財務省の大臣官房スタッフなどを歴任したのち、エールフランスやフランス国鉄の経営陣に加わり手腕を発揮したという経歴の持ち主である。自由経済主義を掲げるマクロン政権でその手腕が買われ、二〇一七年に軍事大臣に抜擢された。軍の文民統制という点でうってつけの人材で、軍事目的での科学・技術の研究開発についても、そのつどコメントを出し、社会全体の問題としてわかりやすく示そうとする姿勢を打ち出してきた。

二〇二二年五月に、マクロン大統領再選後、政権二期目の内閣改造で軍事大臣は交代したが、防衛倫理委員会は存続し、軍事省のホームページに専用のサイトが設けられ、成果が公開されている。

問題は兵器の自律でなく人間の責任

フランス防衛倫理委員会の意見書はまず、作戦行動の決定を支援する情報コンピューターシステムは、人工知能を備えていても、致死性の兵器ではないので検討の対象から外すとしている。つまり、戦闘環境のデータ情報を大量に収集し瞬時に解析して現状と今後の展開の予想を指揮官や戦闘員に示す作業は、人工知能機械に委ねても特に倫理的問題は生じないと判断されたのである。

それに対し、敵を識別し攻撃して殺傷する行為を、すべて完全に人工知能機械に委ねることは認められないと、フランス政府は表明してきた。防衛倫理委員会意見書も、政府が示したその判断を支持している。だが、人間の指揮官が自らの責任で、限られた時空での特定の任務において敵を識別し攻撃する決定を人工知能搭載兵器システムに委ねることは、認めてもよいとした。防衛倫理委員会の意見書は、そうした「自律性を備えるが人間の支配下にある致死性殺傷兵器システム」の開発と使用が、どのような倫理的条件で許されるかを示すことに主眼を置いている。

これは、人工知能兵器システムにどこまで自律性を与えてよいかという問題として議論されてきたことである。しかし防衛倫理委員会意見書は、「自律」という語を機械に対して用いるのは、込められた意味が論者によりまちまちで曖昧で、機械を擬人化することで判断を誤らせるおそれがあると、批判的に捉えている。システムの自律は、人間が作った自動化を可能にするプログラムに支えられている。その作動の基準は人間が定めるもので、人工知能機械が決めるものではない。その点で人工知能機械は「自律」しているとはいえないと意見書は指摘する。

つまり問題にすべきなのは、人工知能機械がどこまで自律的かではなく、人間が自らの判断と行動をどこまで機械に委ねるかである。問題はあくまで人間の側にあるのであって、自律した機械それ自体に問題があるとするのは、人間の責任を曖昧にしてしまうことになる。この点は、後に視点を変えてさらに考えてみたい。

完全自律致死性兵器システムを認めない理由

防衛倫理委員会の意見書は、完全に自律的な致死性兵器システムをフランスは使用せず、製造も輸出もしないとする。完全自律致死性兵器システムとは、人間の許可なしに使命の範囲を定めたり変えたりして、人間によるコントロールを一切受けずに致死的な武力を発動させる能力を持つシステムをいう。現存する自動化された遠隔操作の兵器システムは完全自律ではないので、混同しないよう意見書は求めている。

完全自律致死性兵器システムを認めない理由として、意見書は以下の点を挙げている。

- 軍に必要な規律と命令系統および軍を運用する政府の裁量権限に反する
- 国際人道法が定める諸原則の遵守を危うくする
- フランス兵の尊厳と軍の倫理を侵害する

まず、完全自律致死性兵器システムは、人間の指令に一切従わないので、軍を成り立たせている規律と命令系統に反することになる。人間の命令の及ばない兵器は、軍の論理からして認められないのである。さらに、文民統制された軍のコントロールを離れて武力を振るう兵器の存在を認めるのは、国の独立と領土の維持のために必要な武力を持ち運用する権限は政府にあると定めたフランス憲法の原則に反すると、意見書はいう。

次に、武力行使の範囲を勝手に決めてしまう兵器システムは、兵器の使用は過剰な苦痛や損害を無差別に与えてはいけないとする国際人道法の規範（比例原則、戦闘員と非戦闘員の区別原則）が守られる保証をなくしてしまう。先にもふれたように、何が過剰で無差別の武力行使かを、自律的な人工知能がどう判断するか、予想がつかないからである。

さらに、そうした兵器システムの使用は、人間の尊厳を侵害するだけでなく、兵士の尊厳と軍の倫理にも反するので認められない。意見書のこの指摘は、とても重要だ。フランス軍の兵士の尊厳と倫理は、祖国への奉仕に基礎づけられた長い歴史と伝統に根ざしていると、意見書は述べる。現在のフランス共和国の軍は、元をたどれば、フランス革命において近代史上初めてつくられた国民軍である。それ以前の軍が王に雇われ王の利益を守る存在だったのに対し、共和国の国民軍は、革命の成果である市民の権利と利益を保護し、市民が築いた国家の独立と領土の一体性を守る存在だという理念がある。それが意見書のいう、軍の倫理が拠って立つ歴史と伝統だろう。完全自律致死性兵器システムは、市民社会の倫理によって否定されるだけでなく、こうした軍の存在理由に基づく軍人の職業倫理によっても否定される。この論拠は、意見書が述べるように、市民が軍の活動を受け入れ信頼することができる素地として、不可欠のものだと考えられる。

意見書は、フランスは完全自律致死性兵器システムの開発と製造は行わないが、今後どこかで何者かが開発し製造する可能性はあるので、敵方による使用に対抗する能力をフランスが備えるために、人工知能による殺傷兵器システムの自律化のメカニズムと防御の技術を軍が研究することは正当かつ不可欠であるとしている。そうした研究は、適切な管理から逃れることがないよう、厳格な倫理的枠組みと手続きの中で行わなければならないと意見書は勧告している。市民の側からすれば、研究の進捗と結果が軍の内部で不必要に秘匿されることのないよう見守る必要があるだろう。

部分的自律致死性兵器システム容認の条件

先にふれたように、フランス防衛倫理委員会意見書は、時間と場所を限定した特定の軍事作戦において、戦闘を実行する自律性を人間の指揮官が委ねることのできる兵器システムの開発と使用を、一定の条件下で認めるとしている。この部分的自律致死性兵器システムは、完全自律致死性兵器システムとは違って、人間が与えた作戦の枠に従い、任務の領域や範囲を勝手に変えて致死的な戦闘行動を行うことはできないように設計されなければならない。意見書は、部分的自律致死性兵器システムの使用が許される条件として、次の五つを保証するよう求めている。

・命令系統の維持
・リスクのコントロール
・適法性
・知識と理解力
・信頼性

この五つの保証すべてに共通するのは、人間の責任という大原則である。それは文明の最高の価値と憲法秩序が要請する、いかなる状況においても破ることのできない原則であると意見書はいう。逆にいえば、この大原則を守らない国は、文明国ではないと断じているのである。

そのうえで、まず命令系統の維持の保証として、部分的自律致死性兵器システムを使う際に、関与する指揮系統において誰がどのような責任を持つかを明確に定めておく。部分的自律兵器システムは、指揮官による作戦行動の範囲の確定なしに使用してはならない。実施中の作戦行動の目的を変えたり無効にしたりできる権限は人間の指揮系統だけが持つ。任務を重ねて機械学習により自律兵器システムが新たな作動基準を獲得することも、人間の指揮系統の許可がなければできないようにし、許可してよい条件を定めておく。また、自律兵器システムの作戦行動によってどのような結果が生じるか組織的に評価し、事故や障害に対処する能力を軍が持つようにすることが重要だと意見書は指摘している。

次に、部分的自律兵器システムの使用がもたらすリスクの分析と評価は、戦争遂行のための技術的観点からではなく、憲法と軍の倫理原則に基づき行うよう、意見書は勧告している。

なかでも特に注意が必要なのは、人間的要因に関わるリスクである。自律兵器システムの使用は、軍務を自動化することで軍人の負担を軽減し、決定を迅速にする利点がある。だが一方で、個々の軍人が致死的行為の決定を機械に委ねて作戦行動から距離を置くことで、状況全体を把握して制御する能力を失うおそれがある。人工知能システムを盲信し自動化に依存することで、機械をコントロールする人間の能力が衰えてしまうおそれもある。自律兵器システムにはこのような人間的要因に関わるリスクがあることをきちんと把握し、そうしたリスクによって軍人の職業倫理が損なわれることがないようにしなければならない。

さらに、人間が介入しない武力の使用が道徳的に受け入れられないというリスクもある。軍の作戦において自律兵器システムの使用が正当かどうかについて、市民社会と世論がどうみるかだけでなく、軍の内部でどうみられるかも重要だと意見書は指摘する。

部分的自律致死性兵器システムを研究開発し使用するすべての過程において、こうしたリスクを常に組織的に評価するよう、意見書は勧告している。その評価のために、具体的な想定局面（標的の選定、攻撃の開始、人間的要因、システムの学習と進化、事故の際の修復と回復）においてチェックすべきポイントの一覧表が、付録にまとめられている。

人間のコントロールを保証するメカニズム

国際人道法の条約締約国は、新しい兵器を研究開発し、採用、または取得するときは、それが人道法に照らして禁止すべきものでないか決める責任を負う（ジュネーヴ条約第一議定書第36条）。フランス防衛倫理委員会意見書は、この規定を、部分的自律致死性兵器システムの適法性を保証する根拠として挙げている。国が責任を持って人道法に反しないと認めた兵器だけが採用されるということになるからである。

そのうえで意見書は、部分的自律致死性兵器システムの使用が適法となるための条件として、人間のコントロールを保証する次のようなメカニズムを備えるよう求めている。

- 兵器システムと指揮者の間の恒常的なコミュニケーション装置
- 兵器システムの地理的位置特定装置
- 操作の中止（基地への呼び戻しなど）を行う装置
- 兵器システムと指揮者の間の連絡が失われた場合の自動破壊装置

意見書は、緊急の場合にシステムの活動を停止させる（不活化する）ことができるメカニズムを備えることを特に重視している。

また、部分的自律致死性兵器システムの適法性は、使用する人間の知識と能力にも左右される。意見書は、この新しい兵器システムを適正に運用できるようにするために、システムの複雑さの進展に適応した研修と訓練を継続的に行うよう求めている。その際、特に先に挙げた人間的要因に関わるリスク（作戦からの疎隔感、機械への盲信や依存など）を常に理解させておくよう勧告している。こうした研修は、軍の要員だけでなく、自律兵器システムの構想と開発・運用に関わるすべての研究者・技術者にも受けさせるよう求めている。さらに、部分的自律致死性兵器システムの使用がもたらす倫理的問題について、政治家と外交官にも関心を持たせる（「敏感にさせる」）よう勧告している。

反対運動もリスクの一つ？　反発には文化的背景も

フランス防衛倫理委員会意見書は、部分的な自律に制限しても、致死性兵器システムが「哲学的または宗教的根拠」によって一般市民から受け入れられないリスクがあるとしている。自律した兵器システムは、ときに感情的な議論の的になるとも評している。さらに、この問題では世論を受け入れ反対に誘導しようと情報操作が行われることがあり、そのためにフランスが新しい軍事的能力を発展させることが阻まれたり遅らされたりするおそれがあるともしている。

反対の声を非合理的なリスクであるかのように評価するこの指摘に対しては、市民社会の側からは当然反論があるだろう。ただ、自律兵器システムが宗教的・感情的な反発を呼ぶというのは、事実である一面がある。

西洋社会には、人工知能を備えるロボット機械を、人間を脅かす悪の存在とみなす強い傾向がある。このロボットに対する否定的態度を、米国のSF作家アイザック・アシモフは、「フランケンシュタイン・コンプレックス」と名付けた。それは、メアリ・シェリーの小説の主人公のように、自分が創造した人工存在に襲いかかられ破滅させられるという恐れだけでなく、そうした人工存在が人間にとって代わり支配的な地位につくかもしれないという恐怖も含む感情だとアシモフはいう。西洋文化の根底にある、万物を創造した唯一神の信仰において、人間は神に似せて造られ、魂を与えられた無二の被造物である。知能を持つロボットは、人間のこの特権的な優越性が脅かされる恐れを抱かせる点で、コンプレックス（＝優越感と劣等感が複合した感情）を呼び起こす存在なのである。

致死性自律兵器システムの全面禁止を求める運動が掲げる「キラーロボット反対！」というスローガンの背景には、『ターミネーター』のような映画にみられる人型殺人ロボットに対する恐怖の感情が源にあるといわれる（次にみるフランス議会の報告書の指摘）。そうした、人間を脅かす邪悪な存在というイメージは、フランケンシュタイン・コンプレックスを抱く西洋人には、とりわけ強い喚起力を持つのだろう。この点で、致死性自律兵器システムへの反発には宗教的・感情的な面があるとする防衛倫理委員会意見書の指摘は、間違いではない。

致死性自律兵器システムに対する批判は、ロボット機械への反発的感情に訴えるのではなく、市民社会の倫理と論理に裏打ちされたものにするよう注意することも必要だろう。その点では、一神教の信仰が支配的だった歴史がなく、フランケンシュタイン・コンプレックスから比較的自由で、ロボットに否定的な態度を持たない日本人が、貢献できるのではないだろうか。

そしてもちろん、軍と国防機関の側も、市民の反対をすべて感情的で操作されたものだと否定的に捉える態度は許されない。防衛倫理委員会意見書は、市民社会の反対というリスクに対応するために、すべてのケースにおいて、市民に向けて情報を提供し透明性を確保する努力が不可欠だとしている。この点こそ、軍にとっても市民社会にとっても、最も重要なポイントだろう。

フランス議会の対応

フランスでは、政府・軍事省とは別に、国会においても自律兵器システムの問題が取り上げられている。下院国民議会の国防軍事委員会は、致死性自律兵器システムに関する調査を行った特命情報班の結論をまとめた報告書を、二〇二〇年七月に出した。

この報告書で注目されるのは、国連をはじめとした国際社会での致死性自律兵器システムに関する議論において、禁止を求めて活発に活動している民間団体が「攻撃的な存在感」を示し、大きな影響力を与えていると指摘している点である。「ストップ！　キラーロボット」を旗印とする団体は、市民向けのウェブサイトや街頭でキャンペーンを行うだけでなく、国連の政府専門家会議にも参加し発言している。防衛倫理委員会の意見書が、市民社会の反対を自律兵器システムの開発のリスクの一つと評価したのは、こうした盛んな活動があるからだろう。

議会特命班の報告書は、反対キャンペーンのスローガンとなっている「キラーロボット」という言葉の使用が、議論に偏りをもたらしていると批判的に捉えている。この言葉が、西洋人のフランケンシュタイン・コンプレックスを刺激し、感情的な反発を喚起する意図で使われているだけでなく、すでに各国で運用されている自律していない遠隔操作の自動化兵器システムまで禁止の議論の対象に入れようとする傾きがあるからだ。そのようなスローガンは、自律兵器システムへの対応を混乱させ、合意の成立をますます困難にしていると特命班はみたのだろう。

特命班報告書は、自律兵器システムの開発の世界的現状を概観し、倫理的・法的問題点を検討し、米・中・露などのこの分野での大国とその他の国々が国連での議論で示してきた主張・立場・姿勢をまとめている。そのうえで、フランスは完全に自律した兵器システムの開発には反対するが、人工知能とロボット工学における自律技術の防衛への応用の研究を妨げるものではない、と結論している。戦場のロボット化はすでに現実であり、兵器システムが自律に向かう進展は止まらないので、フランスおよびヨーロッパがその動向から落伍しないよう、国が戦略を立てることを求めている。この議会報告書の結論は、軍事省防衛倫理委員会の意見書と軌を一にしている。この問題で政府と議会は、同じ認識を共有しているといえるだろう。

特命班報告書は、以上の結論を議会で決議する案を付録に付けているが、立法の勧告はしていない。兵器システムの管理・統制は軍事に外交も絡む問題なので、国内法だけでは対処できないと判断しているのだろう。

米国国防総省の対応

では、自律兵器システム開発の分野でも、フランス議会報告書が「ほぼ不動のリーダー」だとする米国の国防機関は、どのような対応をしているだろうか。

米国国防総省は、いち早く二〇一二年に、兵器システムの自律性に関する方針を示した指令を出している。この指令は、「自律型兵器システム」と「半自律型兵器システム」の開発と運用を想定し、使用してよい条件、試験し評価する際の指針、国防総省内での管理と責任などについて規定している。「自律型」とは、一度起動すれば、人間のオペレーターの介入なしに標的を選択し攻撃できるものをいい、「半自律型」とは、人間のオペレーターが選択した標的だけを攻撃するものをいう。これに加えて、故障または見過ごせない損害が発生する前に、人間のオペレーターが介入して交戦を終了させることができるように設計された兵器システムを、「人間監視自律型」としている。人間の命令や判断・決定を一切伴わないで動く「完全自律型」の兵器システムは、指令の対象に入っていない。

指令ではまず、自律型・半自律型兵器システムは、使う際に人間の指揮官やオペレーターが適切な判断を行使できるように設計することとしている。意図しない結果や攻撃が生じたり、人間のコントロールが失われたりするのを防ぐ仕組みを備える必要がある。使用者は、国際人道法と関連する条約と、米国の交戦規定に従わなければならない。

そのうえで指令は、次のような使用の条件を定めている。

・半自律型兵器システムは、致死的な武力として使用してよい
・人間監視自律型兵器システムは、人間を除く標的の選択と攻撃に用いてよい
・自律型兵器システムは、非致死的な武力としてのみ用いてよい（例：電子戦）
・以上の条件以外での使用は、防衛政策局長らの承認を得なければならない

このように米国国防総省指令は、フランス軍事省防衛倫理委員会の意見書のように、完全自律致死性兵器システムの開発と使用はしないと、明言はしていない。だが、完全自律型を指令の埒外《らちがい》に置き、部分的な自律型を三段階に分けて定義して、致死的な攻撃に使えるものを限定しようとしている。米国の指令とフランスの意見書は、自律性の定義が異なり、出された時期に九年もの開きがあるので、一概に比

較はできない。だが、致死的な攻撃能力を持たせる自律兵器システムの許容範囲は、フランスの意見書のほうがやや広めにとっているように見受けられる。

米国国防総省指令は、自律型・半自律型兵器システムを外国に売却または移転する際の管理規定も定めていて、兵器産業大国としての片鱗をうかがわせる。この点では、フランスの意見書も完全自律致死性兵器システムの輸出は行わないとしているだけで、部分的自律（＝米国指令でいう自律型＋半自律型）兵器システムについては言及しておらず、輸出はしないとはしていないので、兵器輸出産業の製品として認める自律兵器の範囲については、両国はほぼ一致しているとみることができる。

この指令を出した後、米国国防総省は二〇二〇年に、自律兵器システムと深く関わる人工知能技術全般を軍と国防総省が利用する際に、守られるべき倫理原則を定め公表している。

この国防総省人工知能倫理原則は、「責任」「公正」「透明性」「信頼性」「統制」の五つの柱から成っている。国防目的での人工知能の開発・配備・使用は、国防総省職員が責任を持って行う。人工知能に学習させる入力データは、その内容によっては、特定の集団や国に対する偏見や差別を助長し、偏った判断を下すもとになるおそれがあるので、できる限りそうした偏向をなくすように努める（公正）。国防目的での人工知能の開発と運用に関するデータ・設計手順・記録文書は、適正だったかどうか検証できるようにしておく（透明性）。国防総省が用いる人工知能は、用途がはっきり決められ、安全性と有効性が保証されたものでなければならない（信頼性）。国防目的に用いる人工知能は、意図しない結果を生むことを避け、意図しない振る舞いをしたときはシステムを切るか動かないようにする仕組みを備えるように設計する（統制）。

この五つの柱はすべて、フランス防衛倫理委員会が自律兵器システムについて守るよう求めた倫理原則と、ほぼ同じ内容になっている。特に人間の責任と、不具合が生じた場合にシステムの作動を停止（不活化）させる仕組みの重要性が強調されている点が共通している。

この倫理原則を実際に省内に行き届かせ守らせるために、二〇一八年に設けられた「統合人工知能センター」が、関連部署と専門技術者の取り組みを促す作業班を立ち上げた。その後二〇二二年に、省の組織再編で統合人工知能センターは「デジタル・人工知能主席統括官 Chief Digital and Artificial Intelligence Officer」に吸収統合され、倫理原則に関わる業務も引き継がれている。

軍民両用問題として——人工知能研究の倫理と日本の課題

前にも述べたように、致死性自律兵器システムの開発においては、民生分野での人工知能の研究も活用されることになるので、軍民両用という観点からも問題を考える必要がある。

二〇一七年に、世界中の研究者・関係者が集まって、人工知能の研究と開発に携わる者が守るべき倫理規範として、「アシロマ人工知能原則 Asilomar AI Principles」をつくった。この原則では、軍民両用問題について、「致死性自律兵器の軍備競争は避けられるべきである」という一項が設けられただけだった。軍事目的の研究開発に関与してはならない、とまではしていない。

これに対して、同じ年につくられた日本の人工知能学会の倫理指針では、人工知能学会会員は、「直接的のみならず間接的にも他者に危害を加えるような意図をもって人工知能を利用しない」としている。軍事応用への関わりに対し、アシロマ原則よりは一歩踏み込んだ自己規制を表明しているようにみえるが、どうだろうか。

科学・技術の軍民両用問題については、第2章でみたように、日本原子力学会の倫理規程が、平和目的に限定して原子力を利用し、「核兵器の研究・開発・製造・取得・使用に一切参加しない」としている。これと比べると違いがよくわかるが、アシロマ原則も日本の人工知能学会の倫理指針も、人工知能の利用は平和目的に限る、とはっきり表明していない。それだけこの分野は、民生上の研究開発と軍事応用が切っても切れない深い関係にあるとみるべきなのだろう。

日本政府は、国連の政府専門家会議で、完全に自律した致死性兵器システムを開発する意図はないと表明している。だが、部分的に自律した兵器システム（「有意な人間のコントロールが伴う自律兵器システム」）は、国防分野において作業負担を軽減し人員を削減できる効果があると評価できるので、研究開発を認める立場を採っている。致死性自律兵器に転用されるという理由だけで、人工知能による兵器の自律化の技術開発を制限するべきではないともしている。この日本の姿勢は、防衛倫理委員会の意見書に示されたフランスの姿勢と同じだといえる。

そして日本政府は防衛大綱で、人工知能を重要技術の一つとし、「安全保障技術研究推進制度の活用等を通じ、防衛にも応用可能な先進的な民生技術の積極的な活用に努める」としている（「平成31年度以降に係る防衛計画の大綱」）。つまり日本でも、民生分野での人工知能の研究開発の成果が、部分的自律致死性兵器システムの開発研究に利用される可能性があるということだ。

さらに、第2章でみたように、防衛大綱がいう安全保障技術研究推進制度に加えて、二〇二二年に成立した経済安全保障推進法により、軍民両用技術の研究開発への国の支援は、防衛省を超えて全府省に拡大する。人工知能の軍民両用研究開発には、文部科学省、総務省や経済産業省も支援に乗り出すだろう。

こうした動向に対し、日本学術会議は二〇一七年三月に「軍事的安全保障研究に関する声明」を出し、大学等の研究機関は、軍事的安全保障研究とみなされる可能性のある研究については、その適切性を審査する制度を設けるべきであるとした。

学会等がそれぞれの分野に応じたガイドラインを設定することも求められるとした。

致死性自律兵器システムに関わりうる人工知能の研究開発は、まさに日本学術会議が求めた審査制度とガイドラインの対象にすべき問題となることは明らかだ。人工知能の研究と開発に携わる者が、防衛と経済安全保障名目の予算から研究助成を受けることをどう考えるか、早急に検討するべきである。アシロマ原則でいう「致死性自律兵器の軍備競争は避ける」とは具体的に何をしてはいけないのか、行動規範を明確にすることが求められる。日本原子力学会の倫理規程は、学会員は「自らの行動が結果として核拡散に加担することがないように、接触する団体や情報管理等に最大限の注意を払う」としている。この規定の「核拡散」を「致死性自律兵器の軍備競争」に置き換えたらどうだろうか。アシロマ原則は人工知能の研究者や技術者に、そこまでの厳しい自己管理を求めているのか、明らかにすべきだ。

また日本の人工知能学会の倫理指針でいえば、直接・間接に他者に危害を加える目的で人工知能を利用しないという規範は、学会員が防衛・経済安全保障関連予算から研究費をもらうことを通じて、研究成果が兵器システムの開発に利用されるのを許すのか、明らかにすることが求められる。研究者が所属する大学等の機関が、個々のケースで適切性を判断する際の支えにできる指針を、人工知能学会はさらに示すべきだろう。

学会などの専門団体が指針をつくるにあたっては、社会の支持をいかに得るかに配慮することも重要だ。日本でも、自律殺傷兵器システムの禁止を訴える「キラーロボット反対」キャンペーンに参加し活動している団体がある。関心を持つ市民が意見をいえる場をつくることも、軍民両用問題に対し研究者が果たすべき責務の一つだと考えてもらいたい。人工知能の研究と開発に携わる者は、人工知能を搭載した兵器の開発にどのような姿勢で臨むのか、専門団体の声明などを通じて、あらためて社会に示すことが求められる。一般の人たちにも関心を持ってもらえるように問題提起を行って、広く意見を汲み上げ、議論を進めるようにしてほしい。

第4章　兵士の心身の強化改造の是非

二〇二〇年十二月四日、フランス軍事省防衛倫理委員会は、兵士の心身を強化改造する技術の研究開発を認める意見書を公表した。このニュースはフランスだけでなく日本でも報道された（「人体改造受けた『超人兵士』、フランス軍倫理委が容認」CNN日本語版オンライン、二〇二〇年十二月十日）。同じ頃、米国のラトクリフ国家情報長官が、安全保障上の中国の脅威について寄稿した論考で、中国では、人民解放軍で、兵士を実験対象にして生物学的能力を増強する技術の開発を行っていると述べた（CNNによれば、中国外務省は、それは嘘だと否定している）。

兵士の強化改造技術とは、薬物の投与や外科手術・各種装置の埋め込みなどにより、身体的・心理的・認知的能力を強化する措置を人体に施すというものだ。英語では「エンハンスメント enhancement」という。具体的には、夜間視力の強化、苦痛やストレスへの耐性の強化、兵器システムやほかの兵士と直接情報や指示をやり取りできる装置を脳内に埋め込む、といったものが想定されている。

次にみるように、米国や中国などでは、そうした兵士の強化改造技術の研究開発が進められている。そのなかでフランスも、政府の委員会が容認の意見書を出したことで、公然と科学・技術による兵士の心身の強化に乗り出す方針を打ち出したものと注目された。確かにその通りなのだが、意見書にはフランス流の人権感覚に基づく問題点や課題の指摘もあるので、詳しく読み取ってみたい。

兵士の強化改造技術の開発状況——米国では

その前に、兵士の能力を強化する技術開発の動向についてみておこう。

兵士の強化改造の研究は、軍事科学大国米国で、盛んに行われている。その研究開発の企画と投資を行う中心的存在が、本書でこれまで何度も登場した、国防総省国防高等研究計画局（ＤＡＲＰＡ）である。脳科学、バイオ技術、ナノ技術、ロボット工学などの最先端技術を動員してＤＡＲＰＡが行ってきた兵士の強化技術の研究には、たとえば次のようなものがある。

・長時間眠らないで活動できるようにする薬物や頭部磁気刺激の開発
・体温調節などの体内代謝を制御し、食事をとらずに活動できるようにする技術

・人間とコンピューターを繋ぎ情報処理と兵器や装備の運用の能力を高める技術
・脳内物質を投与し学習能力を高める技術
・脳への外部メモリーの接続、シリコンチップの埋込み、電気・磁気刺激などにより、記憶・学習能力を高める技術
・認知行動療法と薬物の投与によってストレスへの耐性を高める技術

これらの技術開発は研究途上で、すべてがうまくいっているわけではなく、どこまで実用配備されているかはわからない。

このほかにもDARPAでは、パーキンソン病やうつ病などの神経・精神疾患の治療に使われている脳深部電気刺激（DBS）の次世代技術を開発する研究助成プログラムを進めている。これは表向きには、兵士の心的外傷後ストレス障害（PTSD）などの治療のためという触れ込みだが、戦闘能力を強化向上させるための脳神経の操作にも応用できる研究だと考えられる（フランク『闇の脳科学』）。

中国の動向

中国が兵士を強化改造する人体実験を行っているとの米国情報機関の観測が事実かどうかはわからないが、中国軍が、生命科学技術の軍事目的での活用を非常に重視しているのは確かである。中国軍部は、生物学的な領域で優位を得ることを目指す「制生権戦争」という戦略概念を打ち出している。戦闘における制空権や制海権になぞらえた言葉だ。活用する分野としては、遺伝子操作技術と、脳科学・情報科学が重視されている。たとえば、ノーベル賞を受賞したクリスパーというゲノム編集技術を使って、筋肉を強化した警察犬を作る研究が行われているという。これは兵士の強化改造にも応用可能な技術だろう。ゲノム編集によって、戦場における人間の能力の増強が可能かどうかは、まだ仮説の段階にとどまっていてわからない。

だが、中国の軍関連研究者は、その潜在的可能性を探究し始めていると、米国のチャイナ・ウォッチャーのカニアらは分析している。

脳科学・情報科学の分野では、人間の脳と機械を電子回路などを媒介にして繋ぐ

「ブレイン・マシン・インターフェイス」をさらに進めて、脳と繋いだ人工知能が脳波から生体情報を読み取り兵士の状態を把握するといった、「人機一体化」が研究されている。人民解放軍の機関紙に発表されたある論考によると、兵士の脳と武器装備を接続する技術は、実験室で検証できる段階に達しているという。この論考では、「制生権」の展開の一つとして、「制脳権・制智権」を目指すとの戦略を打ち出している。そして、「脳の戦い」を制する具体策の一つとして、モノのインターネット（IoT、様々なモノをインターネットで繋ぎ、データをやり取りさせて働きを制御する仕組み）ならぬ、人間の「脳のインターネット」を構築するアイデアが提唱されている。すべての兵士の脳と兵器システムをインターネットで繋いで統合して運用することで、個々の戦闘者の情報処理と環境への対応の能力を各段に強化向上させる方策として考えられているのだろう。

チャイナ・ウォッチャーのカニアらは、中国はこの分野での米国の動向に注目していると指摘している。特に、DARPAが生物技術研究室を設置したことは注意を引いているという。先にみた米国での兵士の強化改造技術研究は、中国でも当然フォローしているだろう。さらにそうした米中両軍事大国の動向を、フランスも、自国の安全保障の今後に影響を与える要因として、強く意識しているはずだ。それが冒頭で紹介した意見書の提出の背景になっているものと考えられる。

人間の強化改造も軍民両用技術——民生分野での動向と議論

科学・技術による人間の能力の強化改造は、民生分野でも研究開発が進む一方で、その是非が議論されている。

たとえば有名な例では、抗うつ薬として開発された薬物を、記憶力向上の効果があるとして、健常な学生が服用することが物議を醸した。また、先にＤＡＲＰＡの研究プログラムの例として挙げた脳深部電気刺激（ＤＢＳ）は、本来は精神神経疾患を治療するための技術だが、臨床で使われるうちに、多幸感が得られる、自己イメージが良くなるといった効果があることがわかり、治療目的を離れて、心の状態の改善・向上の目的でも使おうという動きがある。主流の専門医はこれを医療とは認められない「美容脳神経外科」（ＤＢＳは脳内に器具を埋め込む外科手術が必要）だと批判するが、良い効果が得られるなら否定すべきでないという意見もある。人間の能力の強化向上のための技術として、DBSは民生でも軍事目的でも使われうる軍民両用技術になっているのである。

また日本では、内閣府が主導する「ムーンショット型研究開発制度」の助成対象のなかに、人間の身体的・認知的能力を「トップレベルまで」拡張できる技術の開発を目標としているセクションがある（「目標1　2050年までに、人が身体、脳、空間、時間の制約から解放された社会を実現」。ムーンショット型研究開発制度とは、困難だが実現すれば大きなインパクトが期待される野心的な目標や構想を国が定め、支援を行うプロジェクトのこと）。

具体的には、ロボットや3D映像を使ったアバターを身代わりとして、移動困難な難病や障害があっても、誰もが自在に人的交流や就労ができるようにする技術の開発が目玉だ。だがそれにとどまらず、情報工学や機械工学などを用いて実際に心身の能力の強化改造を図る、サイボーグ化技術の開発も視野に入っている。足腰の代わりになる装着型のボディスーツはすでにリハビリや介護などの現場で使われている。脳神経系からの信号をキャッチする電気回路と人工知能を接続して、より高度な機能を発揮できる義手や義足の開発も進んでいる。こうした技術が実用化されれば、当然、兵士の強化改造に応用する軍事転用も考えられるだろう。内閣府のムーンショット型研究開発制度に防衛省は参加していないというが、成果の利用は慎重に管理される必要がある。

科学・技術、とりわけ医療・生命工学技術を、人間の能力を強化向上させる目的で使ってよいか否かについては、長年、生命倫理の議論の対象になってきた。そのなかで、たとえば遺伝子組換え技術を使って、成長ホルモンを司る遺伝子を小人症の患者に投与するのは遺伝子治療だからよいが、同じことを健常人の身長を伸ばすために使うのは許されない、という線引きがなされてきた。

強化向上目的での科学・技術の利用は許されないとする論拠は、第一に、そうした利用を許すと、強化向上措置を受けられる人と受けられない人の間に不平等が生じ、強化向上措置を受けていない人が様々な不利益や差別を受けるおそれがある、というものである。特に実用化当初は相当高額な費用がかかるだろうから、経済格差がさらに大きな社会の分断と不公正、差別につながることが予想できる。障害などによる様々なハンディキャップを持つ人たちに対する差別や優生学的な否定と排除の眼差しが、いっそう強まるとの危惧もある。あるがままを受け入れない社会になってしまう、それは認められないと、強化向上利用に反対する論者は主張する。

さらに、科学・技術による人間の能力の強化向上の容認は、個々人の自由意志を脅かすという議論もある。多くの人がある特定の強化向上措置を受けることを目指すようになると、みながそうすべきだ、そうしなければならない、という同調圧力が社会に蔓延し、選択の余地がなくなる事態が予想される。それは個人の自由意志の尊重という最も重要な倫理原則に反することで許されない、というのだ。

だが近年、視力を高める手術を眼に施すとか、磁気発生装置で脳を刺激して記憶力を高めるといったことが一般のクリニックで行われるようになってきて、人間の能力の強化向上目的での科学・技術の使用は認めないとする倫理が揺らいできた。科学・技術による強化向上は、生まれつきの身体的・知的能力の格差を補い縮めることができる。新たな不平等をもたらすのではなく、今ある不平等を解消、または緩和することが期待できる。だから容認すべきだと主張する論者もいる。

ただこうした「エンハンスメント」に関する生命倫理の議論では、軍事目的での人間の能力の強化改造の問題はほとんど取り上げられてこなかった。このテーマの代表的文献である米国大統領生命倫理審議会の報告書『治療を超えて』でも、軍事目的でのエンハンスメントは是非の検討の対象にされていない。

人間の心身の能力の拡張＝強化向上が軍民両用技術である以上、それが私たちにどんな問題をもたらすか、全体を把握するためには、民生分野だけの議論では足りないことは明らかだ。その欠を埋めるうえで、フランス軍事省防衛倫理委員会の意見書は、たいへん参考になる格好のテキストとなっている。次に、それをじっくり読み解いてみよう。

フランスの意見書の要点——越えてはならない線の提示

第3章でみたように、兵士の強化改造技術の倫理的問題の検討は、軍事大臣が防衛倫理委員会に諮問した最初の課題だった。委員会は約一年間の検討の末に、冒頭でふれた意見書を大臣に提出し、のちに公表された（フランスの意見書では「強化兵士 soldat augmenté」という言葉が使われているが、以下では適宜、兵士の強化改造という言い方に読み替えておく）。

意見書はまず、軍事目的での人間の能力の強化向上の是非は、民生分野とはまったく別の、特異な問題として理解されるべきだとしている。兵士の強化改造は、民生分野と異なり、個人の利益のためにではなく、国の独立と領土の保全を使命とする軍の利益のために行われる。強化改造措置を求められる軍人・兵士には、国防関連法により、犠牲の精神と命令への服従義務が課されている。民生分野とは異なり、個人の自由意志と権利が制限されることが前提になるのだ。

そうした特異性をふまえたうえで、意見書は、兵士の強化改造の何が認められ、何が認められないかを明らかにしようとしている。その線引きの要点を、意見書を受け取ったパルリ軍事大臣が、わかりやすく伝えている。意見書公表を受け、軍事省主催で例年行われる防衛技術革新フォーラムで、兵士の強化改造の倫理を討議する公開の会が催された。その討論会の開会挨拶で、軍事大臣はこう述べている。

「われわれは、兵士の強化改造に否とはいわない。しかし、そのやり方は選ぶ。われわれは常に、侵襲的な方法ではない代替法、つまり、身体の障壁を越えない強化を研究する。皮下にチップを埋め込むより、制服にそれを仕込む研究をする。要するに、アイアンマンのアーマーはいいが、スパイダーマンの遺伝子変異による強化はダメ、ということだ」。

大臣がいうフランスは選ばない、許されないやり方について、意見書はさらに詳しく、「越えてはならない線」として、次のような兵士の強化改造は禁じるべきだと勧告している。

- 武力を行使する意思の制御を減じ、人間性を失わせ、人間の尊厳の尊重に反するような措置
- 戦闘行為をコントロールする兵士の自由意志を侵害するような認知操作
- 兵士に規律の義務を越えさせるような操作
- 優生学的実践または兵士の強化改造目的での遺伝的改変

・兵士の社会への統合や市民生活への復帰を危うくするような措置
・望ましくない影響や効果について事前に研究されていない措置

この禁止事項のなかで、望ましい資質を持つ人間（この場合は戦闘能力の高い兵士になる素質を持つ人間）だけを生まれさせようとする「優生学的実践」と、子孫を変える目的での遺伝子改変は、兵士の強化改造目的であろうとなかろうと、フランスでは、一九九四年に制定された生命倫理関連法により、すべて禁じられている。つまりこの点では、兵士の強化改造技術の開発は法的に歯止めがかけられている。

そのほかの禁止事項について意見書は法規制を求めてはいないが、強化改造措置の計画は一件ごとに、便益とリスクを比較考量して是非を判断するべきだとしている。ここに挙げられた「越えてはならない線」は、その際の判断基準になるものと思われる。個々の強化改造技術を最終的に採用するかしないかは、参謀総長が決める責任を負う。

先にみた軍事大臣の開会挨拶の際の談話では、実際に研究が進められている計画の例として、兵士同士、または兵士と犬の間で、暗闇や騒音のなかでも意思を伝達できるバイブレーターを兵士のベルトに組み込む技術、壁越しに敵を探知できるレーダーを兵士に装着する技術の開発を挙げている。アイアンマンのアーマーにはほど遠いが、少なくともフランスでは、兵士の強化改造の現状は、まだそうした地味な装備を開発する段階なのだとみることができる。

だが意見書は、現状のものだけでなく、今後十年間に実現されそうな兵士の強化改造技術を想定して、その開発を適正に進めるために守るべき指針を提示している。中期的に検討しうる強化改造の例としては、ストレスを管理する薬物の開発、手術や薬物の投与による夜間視力の強化技術の開発を挙げている。また、今後の進展に合わせ、指針の定期的な見直しも必要だとしている。そのうえで意見書は、指針で示された倫理原則を守らせるために軍事省として取り組むべき方策について、勧告を出している。以下、その主な内容を分析してみたい。

人道法上の合法性の検討

兵士の強化改造は、まず国際人道法上、適法と認められることが重要である。第3章でもみたように、国際人道法では、国が新しい兵器や戦争の手段・方法を研究開発し採用する際には、それが人道法の条約と附属議定書などの規定に照らして禁止すべきものでないか決める責任を負う（ジュネーヴ条約第一議定書第36条）。意見書は、兵士の強化改造は、「戦争の手段・方法」として、人道法に適うかどうかを決める責任を国が負うよう求められる可能性があると指摘する。人間を殺傷し財物に損害を与える目的での強化改造、たとえば義手や義足などの補装具に武器を組み込むことは、「戦争の手段」にあたる。また、攻撃能力の一部として組み込まれた強化改造、たとえば攻撃ドローンに命令を出すための機器を脳に埋め込むことは、「戦争の方法」にあたる。兵士の強化改造技術の開発を計画する際には、個々に人道法上の合法性を検討しておくよう、意見書は勧告している。

情報提供と同意の取得——人権としての人体の不可侵

意見書は、兵士の強化改造技術の研究開発においては、目的、内容と予想されるリスクなどについて、最新の知見に基づく情報を対象となる兵士に事前に伝えるよう求めている。民生分野では、そうした情報提供のうえで、同意するかしないかを対象者が自由に決める権利がある。だが軍事研究では、必要な武力の調達と命令への服従義務という軍の基本的な要請を満たすために、対象者の同意を得ずに進めなければならないことがある。そこで、対象者の同意の権利と軍の要請をどう釣り合わせるかが問題になる。意見書は、強化改造措置の対象になることに同意するかしないかを表明する権利を原則として兵士に認め、例外として同意なしに実施することが認められる条件を明確に定めよと勧告している。ただし、事前の同意取得なしに上官が強化改造措置を受けることを部下に命令する場合でも、情報提供は不可欠だとしている。

フランスでは、医療や実験研究を行う際に対象となる者から事前に同意を得なければならないという倫理原則は、人体の不可侵というもう一つの倫理原則と一体のものとされている。これは、一九九四年に制定された生命倫理関連法により、人権保護のために国の基本法である民法典に定められた、非常に重きをなす法規範である。防衛倫理委員会の意見書が勧告した禁止事項の最初にあった「人間の尊厳の尊重」は、この民法典に定められた人権保護規定の、第一の原則である（民法典第16条）。そして、人間の尊厳の尊重のために守られなければならない規範として、「各人は、自らの身体を尊重される権利を持つ。人体は不可侵である」（同第16条の1）と定められている。そのうえで、人体の不可侵原則を免除し、人体に侵襲を加えてよい条件の一つとして、「事前に本人の同意を得ること」が定められている（同第16条の3）。

防衛倫理委員会の意見書は、国際人道法や国防関連法などとともに、この民法典の規定も、準拠すべき規範として挙げている。先の談話で軍事大臣が、フランスは人体への侵襲性のない技術を開発するとしていたのは、人体の不可侵というフランスが最重視する人権原則をふまえてのことであると考えられる。

健康上のリスクの評価と対応

強化改造技術の開発を適正に進めるためには、対象となる兵士の健康にどういうリスクや悪影響が及ぶかを、正しく評価しておかなければいけない。意見書は、強化改造措置に伴う可能性のあるリスクとして、次のような例を挙げている。

＊短期的、中長期的な望ましくない効果（薬物の常用による副作用～吐き気、体重増加やがんのリスクの増大、インプラントへの拒絶反応など）
＊脳または身体の機能の間に不均衡が生じるリスク（高めた能力が他の能力を衰弱させるおそれ）
＊依存症に陥るリスク

特に、強化された状態が脳の報酬系と結びついて、そこから離れられなくなる、あるいはさらなる強化を望んで依存症になるリスクがあるという指摘は重要だ。意見書は、兵士の強化改造は軍全体の利益のために行うもので、個々人の求めに応じて行ってはならないと戒めている。

こうした健康上のリスクへの対応については、軍特有の原則が前面に出てくる。国防関連法により、軍当局は、個々の軍人・兵士の心身の健康を守るために必要な措置を取る義務がある。上官も、配下の兵士の健康を保つ義務がある。その限りで軍人・兵士は、一般の民間人よりも健康面で入念な保護を受けることが保証されているといえる。この軍の健康保護義務は、強化改造措置の対象となる兵士にも、もちろん適用される。意見書は、健康上のリスクに対応するための具体的な方策として、軍事省の衛生部が、兵士の強化改造措置の全プロセスにおいて必要な助言を行い、使用される薬物や器具の管理規定と試験方法を定め、強化改造措置を受けた軍人・兵士を軍務の終了まで医療面でフォローするよう求めている。

このように、軍では、個々人の自由と権利よりも、上級者の下級者に対する保護義務に重きを置いているところがある。そうした軍固有のパターナリズム（強い立場の者が弱い立場の者の利益のためだとして、当人の意思とは関係なくその行動に干渉、介入、支援すること。父権主義）が、強化改造措置の研究開発においても、対象者を保護するための倫理規範として認められているのである。

強化への同調圧力と排除・差別の問題

意見書は、兵士の強化改造措置がもたらしうるリスクとして、様々な集団的圧力が生じるおそれを指摘している。これは、先にみたように民生分野での人間の強化向上の倫理の議論でも挙げられる問題だが、国防への犠牲と献身、軍に対する忠誠が求められる軍隊社会においては、独特の大きな問題になる。個々の兵士に対し、強化改造措置を受けるよう暗黙の強制が働くおそれは大きい。上官からの圧力だけでなく、軍隊生活の基盤である同輩集団からの同調圧力も考慮する必要がある。そうした圧力の雰囲気のなかで、過剰な強化改造措置を兵士が欲するようになる危険も意見書は指摘している。

こうした圧力の悪影響から対象者を守るために、意見書は、強化改造措置を受け入れるか否かの決定を、原則として対象者の同意に委ねるよう求めている。だが個々の兵士の自由意志をどう保証するか、具体的な方策は示していない。説明と同意取得を行う場に直属の上官は同席しないようにする、同輩からの同調圧力が働かないよう監視する要員（オンブズマン）を意思表明の場に同席させる、といった配慮をルールとして定める必要があると思われる（米国ではそうしたルールが定められている。後述参照）。

意見書はさらに、強化改造措置を受け入れるよう求める圧力が、強化を受けた者と受けない者の間に差別をもたらし、それが集団的な排除などの弊害をもたらすリスクがあるとしている。これも民生分野と共通する問題だが、意見書は、軍特有の問題として、強化改造措置を受けた兵士のグループが、受けていないグループを、任務遂行を妨げる危険な邪魔者とみなすことで、軍内の秩序が乱されるおそれを指摘している。意見書は、強化改造する兵士としない兵士を分ける決定は、隊内の一体性を保つよう配慮しながら上官が責任を持って行うよう求めている。ここでも、個々人の自由意志とは別に、上級者のパターナリズムが、対象者の保護を保証し、兵士の強化改造を適正に進めるために必要な、軍固有の倫理規範とされているのである。

新しいタイプの脆弱性を生むリスク

兵士の作戦遂行上の能力を高める特定の強化改造措置が、独特の脆弱性をもたらすおそれがあることを、意見書は指摘している。たとえば脳のインプラントや義眼・義手・義足などが、情報通信システムと繋がれて運用されると、敵がハッキングして操作してくる機会が生じるリスクがある。兵士の目や足が乗っ取られて、行動を妨害したり、敵に利する行動を取らせたりするおそれがあるということだ。こうしたサイバー攻撃に対する脆弱性は、民生分野で実用化されている心臓ペースメーカーやインスリン・ポンプで、現に認められている。この新しい技術特有の脆弱性のリスクも、個々の強化改造の採否を決めるうえで、チェックすべきポイントになる。

市民生活への復帰・一般社会への統合という問題

意見書は、兵士の強化改造措置がもたらしうる問題として、市民生活に戻る際に困難が生じるリスクについて考慮するよう求めている。軍事大臣も先にみた談話で、「兵士は一生兵士ではない」と指摘し、この点への注意を喚起している。軍人にも任務のないときには一市民としての生活があり、軍役終了後の社会復帰もある。身体的・生理的・心理的な強化改造措置が、市民生活に戻る際に悪い影響を与える可能性がある。たとえば、切断した腕を、武器を装備した取り外せない義手に変えてしまった兵士は、一般市民として暮らせなくなるだろうと意見書はいう。また、軍務中に受けていた強化改造措置を解除されることを嫌って、市民生活に戻りたがらない兵士が出てくるかもしれないとも指摘している。

そこで意見書は、先にみたように、兵士の社会への統合や市民生活への復帰を危うくするような強化改造措置はすべて禁じるとした。その際に重要な基準となるのが、強化改造措置の可逆性である。意見書は、強化改造措置に伴う持続的効果は、兵士の私的生活と両立可能なものでなければならないとし、そのために、個々の強化改造措置は最大限可逆的なものに、つまり任務や軍役の終了後に元の状態に戻せるものにするよう研究せよと勧告している。この可逆性の要請は、民生分野での人間の強化向上の倫理の議論では出てこない、軍特有の配慮事項だろう。

また、これに関連して特に必要な配慮として、意見書は、依存症に陥りやすそうなプロフィールを持つ兵士は、事前の検査でチェックして強化改造措置の対象から外すよう求めている。みだりに強化改造を欲し続け、そこから離れられなくなると、本人の健康へのリスクが高まるだけでなく、市民生活への復帰を危うくする要因ともなるからである。

さらに、意見書が指摘する「非人間化のリスク」も、ここに関連してくる。強化改造措置により対象者に、抑制がなくなる、攻撃性が亢進する、分別が失われるといった人格の変容や、現実に対する人格剥離・冷酷化といった悪影響が出るリスクがある。こうした非人間化は、武力の不適正な使用や過剰な攻撃行動につながり、非戦闘員の保護などの国際人道法の要請が守られなくなるおそれをもたらすだけでなく、社会生活への復帰を困難にする要因にもなる。強化改造措置による非人間化が、一過性のものにとどまらず回復不能の不可逆なものになってしまえば、計り知れないリスクを対象者とその周囲にもたらすことになる。

兵士の強化改造は、可逆的で、市民生活への復帰を妨げないものでなければならない。それが、軍事目的での人間の心身の強化向上の是非を判断する際の、重要なチェックポイントになる。

人間を対象にした実験研究としての管理

兵士の強化改造技術は、開発途上の研究段階のものが多い。個々の技術の安全性と有効性を確かめるためには、人間を対象にした実験研究を行う必要がある。実験対象にされるのは、民間人ボランティアという場合もなくはないだろうが、やはり現役の兵士が中心になるだろう。

フランスには、実験研究の対象となる人（被験者）を保護する法律がある。その法律のなかで、国防関係の研究は、首相が設置を認可し委員を任命する特別の委員会（防衛・国家安全保障研究対象者保護委員会）で審査を行う体制が採られている。防衛倫理委員会の意見書は、兵士の強化改造技術の開発研究も、一件ごとに、軍事省内に置かれるこの特別委員会の審査を受け承認を得るよう求めている。

これまで兵士の強化改造技術の問題としてみてきた、同意原則とその例外が認められる条件や、健康へのリスクのチェックなどの事項は、民生・軍事問わず、人間を対象にしたすべての実験研究で守られなければならない共通の倫理規範である。また、軍隊社会の上下関係・同調圧力や市民生活への復帰・統合への配慮は、軍事研究における人間を対象にした実験研究に特有の倫理規範になる。つまりフランス防衛倫理委員会の意見書が指摘した問題点はすべて、強化改造技術の開発研究にとどまらず、兵士を対象に行われる実験研究全般の倫理的適正さを審査する際のチェックポイントになるとみることができる。軍事目的での人間を対象にした実験研究の倫理と管理のあり方については、次の第５章で詳しく取り上げる。

米国での議論

では、この分野でも先駆的な研究開発を行っている軍事科学大国の米国は、兵士の強化改造技術の問題に、どう対応しているだろうか。

この問題に対する国防総省による報告書や指針などは、公表されている限りでは、見つけることができなかった。それに対し民間では、生命倫理研究の助成団体であるグリーンウォール財団が、「強化改造された戦士：リスク、倫理およびポリシー」と題した大部の研究レポートを二〇一三年に刊行している（米国など英語圏では、戦闘員を指す言葉として、兵士 soldier ではなく戦士 warfighter が使われるようになっている。以下では本書で使ってきた「兵士」で統一する）。

このレポートでは、兵士の強化改造技術の開発と実装・運用は、第一に国際人道法の諸原則（戦闘員と非戦闘員の区別原則、過剰で不必要な損傷や苦痛をもたらすことを禁じる比例原則など）に従って行われなければならないとしている。一部の部隊が極度に高められた戦闘能力を持つと、自分たちが損害を受ける可能性が低くなることで戦闘のコストが低くなり、その結果、独断専行して、命令されていない殺戮や攻撃を行うおそれがある。個々の兵士が殺傷をためらわなくなることで、国際人道法で禁じられている非戦闘員への攻撃が行われるおそれもある。そのような国際規範に反する行為が横行すれば、軍と一般社会の関係が損なわれることも危惧される。兵士の強化改造によってそうした事態が起こることを防ぐ人道法上の義務が軍にはある、ということだろう。

また国内法には、軍隊内では説明による同意（インフォームド・コンセント）の取得を免除してよいとする法規があるが、それは主に承認前の薬物の使用など医療面に関するもので、強化改造措置を兵士に行う場合にあてはまるかどうかはわからないと、レポートは指摘している。

さらにレポートでは、軍隊の作戦遂行上起こりうる問題として、フランスの意見書も指摘していた、強化改造措置を受けた者と受けていない者との間に格差と対立が生じるリスクを挙げている。特に、指揮官が強化改造措置を受けていない場合、強化改造措置を受けた兵士と比べて、指揮する者が指揮される者より劣っている状況が生まれ、命令の遂行に支障をきたすおそれがある。身体的強化ではこれはあまり問題にならないだろうが、認知的・知的強化では、部下が指揮官の命令に逆らうといった難しい問題をもたらすだろうとレポートは指摘している。これはフランスの意見書にはなかった論点で、興味深い。

このほかレポートでは、フランスの意見書と同じく、強化改造措置の可逆性と市民社会への復帰の問題も論点として挙げている。

兵士の心理面での強化改造が、軍にとって好ましくない結果をもたらす場合があることも指摘されている。米海軍アカデミーが二〇一〇年に開催した会議のレポートでは、遺伝子や脳神経を操作するなどして、兵士の恐怖の感情や攻撃性のレベルを改変することは禁止すべきであると勧告している。恐怖を感じない兵士や、好んで戦闘を行う兵士をつくると、かえってその兵士たちが負傷し戦死するリスクを高め、作戦行動と軍の使命を危険に晒してしまうと考えられるからだ。強化改造は兵士の死傷を減らすために行われるはずなのに、それでは本末転倒になってしまう。また恐怖を感じずに殺傷を行う兵士は、市民をも危険に晒し、市民社会と軍の関係を危うくしてしまう。

グリーンウォール財団の研究レポートは、以上のような様々な問題に対処するうえで指針とすべき原則として、以下を挙げている。

・兵士の強化改造は、正当な軍事目的に適う（釣り合う）ものであること
・目的達成のために必要なものであること
・利益がリスクを上回るものであること
・兵士の尊厳が保たれること
・強化改造対象者の負担を最小限にすること
・対象者からの同意取得を原則とすること
・情報公開による透明性を保つこと
・軍内部でリスクと利益を公平に分かち合うこと
・上官・幹部は説明責任を負うこと

以上の指針原則に加えて、先にみたように、兵士の強化改造技術の開発では、人間を対象にした実験研究の管理も重要な問題になる。米国にも、フランスと同じように、実験研究の対象となる人を保護するための倫理規範と手続きのルールを定めた行政令があり、国防総省も含めた連邦政府機関はそれに従わなければならない。これに加えて国防総省は、軍と国防機関が関与する実験研究について、軍特有の倫理的配慮を定めた指令も出している。その指令では、先にフランスの意見書の同調圧力への対処の項で必要だと指摘した、説明と同意の場に上官を同席させないとか、同輩からの同調圧力が働かないよう監視要員を置くといったルールが定められている。また国防総省の指令は、対象者の自由意志と同意の権利に加えて、パターナリズムに基づく上官の保護責任を、実験対象者を守るための重要な規範として位置付けている。この点も、フランスの意見書と同じである。兵士の強化改造技術の開発のために行われる人間を対象にした実験研究も、この国防総省指令が定めた倫理規範に従って実施することが求められる。米国国防総省の人間を対象にした実験研究に関する指令については、次の第5章であらためて詳しくみてみたい。

日本では何が問題になるか

日本では、軍事目的での人間の強化改造技術の開発について、国内の問題として議論になったことは、まだないようである。

しかし今後、たとえば防衛行動において米国軍との共同作戦が行われ、そこで強化改造措置を施された兵士を含む部隊の投入が想定される場合、自衛隊員も同じ強化改造措置を受けるよう要請されることがあるかもしれない。米軍からそのような要請が出されたら自衛隊はどう応じればよいか、然るべき論拠に基づく方針を備えておく必要があるだろう。そのために日本でも、フランスのように、防衛に関する技術開発がもたらす倫理的な課題を検討する組織を設けて、議論を始めるべきではないか。そこでの検討の結果は、議論の経緯も含めて、広く主権者である国民に公表されなければならない。それに対し私たちも一市民として、意見をいえるよう備えておくべきだろう。

兵士の強化改造の是非は、科学・技術の成果が民生と軍事の両方の目的で使われる、軍民両用問題でもある。兵士の強化改造技術の研究では、民生分野での人間の能力を向上させる技術開発の成果が応用されるだろう。脳の電気刺激装置はその一例だ。逆に、兵士の強化改造技術が、民生目的での利用に転用されることもあるかもしれない。米国の動向でみた、眠らないですむ薬物など、その候補になりそうである。中国の動向でみた、脳のインターネットの構築技術の開発に興味を持ち、国防関連機関との共同研究を考える民間企業も出てくるかもしれない。

第2章でみたように、国防関連機関が行う研究だけでなく、そことの共同研究や、国防予算から研究費の助成を受ける軍事関連研究にどう対応するかが、日本でも重要な課題になっている。日本学術会議が二〇一七年三月に出した「軍事的安全保障研究に関する声明」は、軍事目的のための科学研究は行わないとした過去の声明を継承するとしながら、「軍事的安全保障研究と見なされる可能性のある研究」に対しては、大学等の研究機関が、その適切性を技術的・倫理的に審査する制度を設けるよう求めている。

防衛関連の研究助成対象は、これまで工学系の研究が主だったが、今後は生命科学・医学系の研究も入ってくるだろう。すでに行動科学や脳科学系の研究が防衛装備庁の助成対象として採択されている。そうした研究は、兵士の強化改造技術の開発の基礎にもなる。致死性自律兵器システムに関わる人工知能の研究と同じように、兵士の強化改造技術の研究についても、関連する分野の専門学会などが、学術会議の求める審査制度と審査基準となる指針をつくる必要が出てくる。その際、フランス防衛倫理委員会の意見書は、たいへん参考になるだろう。

兵士の心身の強化改造の是非は、科学と技術をどうコントロールするかという、私たちみなに関わる問題である。この問題を考えるうえで注目したいのが、フランスの意見書が重視した、強化改造措置の対象になった兵士の市民生活への復帰に配慮するという観点である。軍事大臣がいうように、兵士は一生兵士ではない。軍人・兵士も市民社会の一員である（べきだ）という認識は重要だ。科学・技術を用いた強化改造の対象となる兵士にも、市民としての自由と権利を最大限認めるよう配慮すべきだというのが、フランスの意見書の基本線である。

これに対しては、軍隊ではひどいことが行われるのはあたりまえで、兵士の人権といわれてもまともに受け取れない、と思われる向きもあるかもしれない。

しかし私たちは、軍人・兵士も市民社会の一員だと捉えて、軍に関わることも市民生活とそこでの自由と権利につながった問題として考える姿勢を取るべきだ。そうしてこそ、兵士の強化改造などの、国防機関による科学・技術の利用が、非道に流れないよう、歯止めをかけることができるのではないだろうか。軍事関連の営為に、いかに市民社会の良識を持ち込むことができるかが、問われていると考えるべきである。

機械の人間化と人間の機械化

最後にもう一点、フランス防衛倫理委員会が相次いで取り上げた、兵士の強化改造技術と第3章でみた致死性自律兵器システムを組み合わせて考えると出てくる、新たな問題についてもみておきたい。

兵士の強化改造は、機械工学や生命工学による肉体面＝身体機能の改変だけでなく、脳科学や情報工学による精神面＝認知心理機能の改変も想定される。たとえば先にみたように中国では、兵士の脳と戦闘システムを繋ぐ「脳のインターネット」の構築が研究されている。戦場における兵士の時空認識と行動判断の能力を格段に強化向上させるための構想だと思われる。だが、この「脳のインターネット」が自律兵器システムと繋がれれば、兵士が、戦闘を指揮する人工知能の指令を実行する作業端末のような存在に変えられてしまうことも考えられる。

そういった事態が起これば、個々の兵士の人間としての尊厳が損なわれるだけでなく、兵士が兵器システムを構成する物とみなされ、殺傷への抵抗が弱まって、国際人道法に反する過剰な攻撃を招くおそれもある。そこでは、致死性自律兵器システムの是非は、人間を兵器＝機械に変えることの是非と一体の問題になる。戦場において人間の頭脳が人工知能を搭載した機械に置き換えられ、人間の兵士が戦闘機械に置き換えられることとの是非が問われるのである。

さらにいえば、そこでは人間の兵士が、人工知能の指揮の下で処理される情報の束として、行動を含めた戦闘情報を処理するアルゴリズム（人工知能の自律戦闘システムをメインプログラムとしたサブプログラム）のように扱われるということでもある。つまりこの方向での兵士の強化改造と自律兵器システムの統合は、人間のデジタル機械化と、デジタル機械の自律主体化という意味での人間化が、同時並行で進むという事態を引き起こすことになる。

こうした人間の機械化と機械の人間化の同時進行は、民生分野でも、たとえば企業における業務のデジタル化が極端に進めば起こりうることだろう。兵士の脳と自律した人工知能システムを繋ぐ軍事技術が、民生転用されることも十分ありうる。それは、科学・技術の進展のなかで、人間の占める位置、人間の存在のあり方が変容させられていくという文明的問題だとみることができる。つまり、兵士の強化改造技術と自律兵器システムの問題は、科学技術文明を生活の基盤とする私たちみなの将来に関わる問題の一環なのである。だから、軍事・軍縮や安全保障の専門家だけでなく、広く一般の人々が、この問題の議論に加わることには大きな意義がある。いや、不可欠といってもいいのではないだろうか。

第5章　軍による人体実験の現在と課題

科学研究や技術開発を進めるには、人間を対象にした実験、人体実験が必要になることがある。それは軍事目的での研究・開発でも同じだ。特に近年、生命科学・医学系の研究が軍民両用の技術開発の最前線になってきたので、人間を対象にした実験が軍事関連目的で行われる機会は増えるだろう。たとえば米国陸軍では、化学兵器による被害を防ぐ薬剤を兵士に投与する実験が行われている。兵士を守るために必要な研究だが、安全で有効かどうか確かめるための実験なのだから、対象となる者は相応のリスクを負う。また第4章でみたように、兵士の強化改造技術の開発も、軍事目的での人間を対象にした実験研究を必要とする、最も先端的な例の一つである。

人間を対象にした実験研究は、実験対象となる人(被験者)の生命・健康と人権・尊厳を損なわないよう適正に行われなければならない。そのために必要なルールを定めた倫理指針が、長年にわたって整備されてきた。世界医師会が一九六四年に策定し、現在も改訂を続けている「ヘルシンキ宣言：人間を対象とする医学研究の倫理的原則」が、その最も代表的なものだ。米国やフランスなど、倫理指針を法令で定めている国もある。そうした指針に従って、人間を対象にした実験は、科学的な必要性と妥当性、予想される利益とリスク、対象者への説明内容と同意取得手続きの適正さなどを、事前に第三者組織（審査委員会、倫理委員会など名称は様々）が審査し承認してはじめて実施できることになっている。それが現代の研究倫理の基本である。

　では、この研究倫理の基本は、軍事目的で行われる人間を対象にした実験研究にも、そのまま適用されるのだろうか。軍による人体実験というと、第二次大戦中にナチス・ドイツや日本軍が行った非道な所業が槍玉に挙げられる。だが米国でも、放射性物質を人体に入れて影響を調べる実験のような問題事例はあった。そうした過ちへの反省から、人体実験全般の適正な管理が求められ、指針や法令がつくられてきたのだが、では今、軍事関連目的での人間を対象にした実験研究は、どのように管理されているのだろうか。軍事関連研究には、民生分野の研究とは異なるルールがあるのだろうか。それは市民社会の目からみて、適正なものになっているだろうか。軍事関連研究では、民生分野では許されないような危険や犠牲を伴う人体実験が行われる余地があるのだろうか。

以下本章では、軍による人体実験の現在とその問題点について、米国やフランスと日本の自衛隊の状況を実例として取り上げ、じっくり考えてみたい。

人体実験の倫理は戦犯裁判が出発点

第二次大戦後の一九四七年八月、米国占領下のドイツ・ニュルンベルクで、二三名のナチスの医師の戦争犯罪を裁く裁判の判決が下された。犯罪として起訴された行為は、強制収容所で行われた非道な人体実験と四人の虐殺、および障害者の安楽死計画だった。一六名の被告人が有罪とされ、七名が死刑、九名が終身刑や一〇～二〇年の懲役刑とされた。

この判決文のなかで判事らは、何が非道で許されない人体実験かを判断する基準として、医学実験が許容されるために必要な、次の十か条の条件を示した。

・被験者の自発的な同意が不可欠であること

・社会の利益のために必要で、ほかの方法ではできないものであること
・動物実験の結果と関連する知識に基づき正当化できるものであること
・不必要な苦痛や傷害を避けたものであること
・死亡、または身体障害が起こると予想される実験は行ってはならないこと
・リスクが実験による利益を上回らないこと
・被験者を有害事象から守るための適切な準備と設備のもとで行うこと
・科学的に資格のある者によって行われること
・実験中に継続不能と思われる身体的・精神的状態になった場合は、実験を終了する自由を被験者に与えること
・実験中に被験者に傷害、身体障害または死亡をもたらす可能性が生じた場合、実験責任者は実験を終了できるよう備えておくこと

ナチスの医学者が行った人体実験は、この条件のなかで特に、被験者の自発的な同意の取得、不必要な苦痛を避ける、死亡や障害が生じる実験やリスクが利益を上

回る実験は禁じるといった重大な点で違反があって、有罪と認定されたとみることができる。この点については旧日本陸軍の七三一部隊が行った人体実験も同じだが、その実験で得られたデータを接収した米国の意向により、戦争犯罪として裁かれることはなかった。それに対し九州大学で米軍捕虜を対象に行われた、肺や肝臓などを切除するなどして死亡させた実験的手術は、BC級戦犯を裁いた横浜裁判で関係者が有罪とされている。その実験の実際をみると、ニュルンベルク判決で示された条件に違反したものであることがわかる（横浜裁判ではニュルンベルクでのような基準は示されなかったようだが）。

この十か条は、「ニュルンベルク綱領」と呼ばれるようになり、軍が戦時下に行う人体実験だけでなく、民生分野も含め平時に行われる人体実験全般において守られなければならない倫理規範のひな形となった。世界医師会のヘルシンキ宣言は、ニュルンベルク綱領を、医学・医療の実情に合わせて練り直したものとみることができる（被験者本人でなく代理人による同意や、事前の同意取得を免除する例外を認めるなど）。戦争で軍が行った非道な人体実験を裁く基準が、戦後の現代社会の、人間を対象にした実験研究の倫理の出発点になったのである。

国際人道法による戦時下の人体実験の規制

このように第二次大戦後に整備が進んだ倫理規範に基づき、戦時下の人体実験を規制する規定が国際人道法に盛り込まれた。戦争中または武力紛争下でも、人間の尊厳と人権を最低限守るためのルールとしてつくられた国際人道法に、人間を対象にした実験研究を禁止、または制限する規定が設けられたことは注目に値する。ナチスや七三一部隊が行ったような人道に反する人体実験が、戦争遂行という大義の下で繰り返されるのを防ぐことが、第二次大戦後の国際社会に課された重要な課題の一つだったことがわかる。

国際人道法は、一九四九年にスイスのジュネーヴで制定された、傷病者・捕虜・文民（非戦闘員）の待遇と保護に関する四つの条約と、それを補う追加議定書から成っている。そのなかで、捕虜と文民については、次のような規定が設けられている。

＊捕虜の待遇に関する千九百四十九年八月十二日のジュネーヴ条約（第三条約）

第十三条〔捕虜の人道的待遇〕

捕虜は常に人道的に待遇しなければならない。抑留国の不法の作為又は不作為で、抑留している捕虜を死に至らしめ、又はその健康に重大な危険を及ぼすものは、禁止し、且つ、この条約の重大な違反と認める。特に、捕虜に対しては、身体の切断又はあらゆる種類の医学的若しくは科学的実験で、その者の医療上正当と認められず、且つ、その者の利益のために行われるものでないものを行ってはならない。

＊戦時における文民の保護に関する千九百四十九年八月十二日のジュネーヴ条約（第四条約）第三十二条〔肉体罰禁止〕

締約国は、特に、その権力内にある被保護者に肉体的苦痛を与え、又はそれらの者をみな殺しにするような性質の措置を執ることを禁止することに同意する。この禁止は、被保護者の殺害、拷問、肉体に加える罰、身体の切断及びそれらの者の医療上必要でない医学的又は科学的実験に適用されるばかりでなく、文民機関によって行われると軍事機関によって行われるとを問わず、その他の残虐な措置にも適用される。

［訳文は防衛省ホームページ掲載の条約文による。傍線は筆者］

ナチスの医師や日本の七三一部隊による人体実験は、捕虜や占領地の文民に対して行われていた。そうした戦時下特有の弱い立場に置かれた人が、生命・健康を脅かす危険や苦痛を伴う不当な扱いを受けないよう保護するのが国際人道法の主眼で、その一環として、医療上必要な措置以外の実験的行為が禁止されている。人道法におけるこうした人体実験の規制に関する規定をまとめてみると、次頁表2のようになる。

このように弱い立場に置かれた人を実験対象にすることを禁止、または制限する規定は、民生分野の研究倫理規定にもある。たとえば米国の研究対象者保護令には、

表2　国際人道法において、人間を実験対象にすることを禁止または制限した規定

保護対象	禁止規定の内容
傷病者、難船者、衛生員（軍人＋軍属）	生物学的実験に供してはならない（第一条約第12条）
捕虜（戦闘員）	あらゆる種類の医学的若しくは科学的実験で、その者の医療上正当と認められず、且つ、その者の利益のために行われるものでないものを行ってはならない（第三条約第13条）
敵国、第三国などの文民（非戦闘員）	医療上必要でない医学的又は科学的実験は禁止（第四条約第32条）
条約の保護対象とされていない戦闘員および文民	医学的又は科学的実験　本人の同意がある場合であっても禁止　ただし必要な医療上の措置は除く（第一議定書第11条）
その他（傭兵など）	明示の規定なし（第一議定書第75条2項）
自国民たる文民	禁止行為の規定なし（第一議定書第51条）

「子ども（未成年者）」「妊婦、胎児」「囚人」を実験対象にすることを制限する規定がある。フランスの研究対象者保護法では、そこにさらに「強制入院患者、社会施設入所者」「分娩婦、授乳婦」「社会保険未加入者」（主に移民などを想定している）が加えられている。こうした民生分野での「弱者」に対する実験研究を制限する規定は、本人の利益になる医療上必要な措置に限るといった内容で、国際人道法の規定の内容と共通したものになっている。

だが、保護される対象の性格は、民生分野の法令と人道法ではまったく異なる。人道法では、戦時だけに現われる特定の弱者

を保護の対象としている。それ以外の人々、たとえば自国の戦闘員や傭兵と文民などについては、実験研究を禁止、または制限する規定はない（表2参照）。人道法における人体実験の規制は、戦争という特殊な状況下で生み出される犠牲者を保護するという観点でつくられていて、実験対象にされる人を保護する研究倫理の観点ではつくられていない。それは「戦争倫理」とでもいうべき特殊な規範で、適用対象が限られていて、軍事関連研究における人体実験の適正な実施を保証するための規範としては、必要十分なものではない。軍事目的での人間を対象にした実験研究は、戦時下だけでなく平時にも行われるからである。

平時に行われる軍事研究における人体実験の規制——米国の例

では、平時に行われる軍や国防機関による人間を対象にした実験研究は、どのように管理・規制されているだろうか。

その実情をうかがわせる格好の資料が、米国にある。国防総省が二〇一一年に出した、「国防総省が実施・助成する研究における対象者の保護と倫理的な標準の遵守」と題された指令（Instruction）である。

米国には、連邦政府が助成する人間を対象にした実験研究の、科学的・倫理的な適正さを審査する手続きと審査基準を定めた行政令がある。元は連邦厚生省の政令だったが、一九九一年に、ほかの一六の省庁・政府機関が正式採用する、通称「コモン・ルール」となった。国防総省も、そのなかに入っている。

ここで注目したいのは、国防総省が、省が関与する軍事研究に特別に求められる追加の規範として、二〇一一年の指令を出したということである。平時の民生分野の研究を律するコモン・ルールだけでは、軍による人体実験を適正に進めるには十分でないと、国防総省は判断したのだとみることができる。

この国防総省指令の対象は、国防総省、およびその構成組織（陸海空軍、海兵隊、沿岸警備隊とその関連教育研究機関）が行う研究、または助成する研究における人間を対象にした実験研究である。以下、その主な内容をみてみよう。

・実験に伴うリスクの評価：コモン・ルールでは、実験研究が対象者にもたらすと予想されるリスクの大きさを事前に評価し、厳しい管理規制が必要か必要でないかを判別することとしている。リスクがわずか（「ミニマル」）だと認定された研究は、対象者の同意取得の免除や、委員全員が集まる正規の審査の免除（簡略審査で済ませること）が認められる。コモン・ルールにおいて「ミニマル・リスク」とは、「研究において予想される害や不快の可能性と程度が、日常生活、またはルーチンの身体的・心理的な試験・検査で普通に経験するそれを超えないもの」と定義されている。これに対し国防総省指令は、軍の特殊な職場環境（たとえば軍用機への搭乗、紛争地帯への駐屯など）や医学的状態（頻繁に検査を受ける、あるいは日常的に傷が多く常に痛みがあるなど）に置かれている対象者が日常的に経験するリスクだからといって、それに相当する実験研究のリスクを「わずか」であると評価してはならないとしている。軍隊で日常的に経験するリスクは、コモン・ルールが民生分野で想定しているものより、ずっと大きいと考えられる。そうした大きなリスクを伴う人体実験を、軍ではそれが日常なのだからミニマルなリスクだとして、対象者から同意を得ずに、あるいは簡略審査だけで進めてはならないと、釘を刺しているのである。

・リスクを監視する要員を置く：ミニマル・リスク以上のリスクを伴うとされた実験研究については、研究を行う機関の倫理審査委員会が、研究監視員（Research Monitor）を指名しなければならない。リスクの監視に多様な専門性が必要とされる場合は、複数の監視員を指名してもよい。ミニマル・リスク以下の研究でも、倫理審査委員会は監視員を指名してよい。監視員は、研究計画で示されたリスクの性質に即した専門知識を持ち、研究を行うチームから独立していなければならない。監視員は、研究者と話し合い、実験の対象となる者を面接して、対象者の募集と同意取得の手続きを見守り、研究による介入とデータの照合・収集・分析を監視する。監視員は得た所見を倫理審査委員会、または委員会が指名する職員に報告する。監視員は、研究対象者の安全と福利を保護するために、進行中の研究を中止させたり、特定の対象者を研究から外したりするなどの、必要なすべての措置を取る権限を持つ。

独立の立場で研究を監視し、害を防ぐために差し止めなどを行う権能を持つ要員を配置するのは、民生分野にはない、国防総省独自の規定である。対象者の保護にそれだけ特別の手間をかけるのは、軍事研究における人体実験が、民生分野と比べて特殊で大きなリスクを伴うケースがあるからだろう。

・研究による被害に伴う医療費の負担から対象者を守る：ミニマル・リスク以上のリスクを伴うとされた実験研究においては、実験の直接の結果として生じた被害に対し必要となった医療費などの負担から、対象者を守る措置（ほかでは得られない医療費や医療措置の給付、害の補償など）を定めておかなければならない。これは、コモン・ルールよりも手厚い保護規定である（コモン・ルールでは、被害に対し補償が得られるのかどうかを、同意を得る際の説明事項で示しておくだけでよいとされている）。これも、軍事研究における人体実験が対象者にもたらすリスクが、民生分野の研究より大きいことを想定した上乗せ規定だとみてよいと思われる。

・同意取得の免除の制限：コモン・ルールでは、一定の要件の下で、研究対象者から説明のうえでの同意（インフォームド・コンセント）を取得しないでよい場合を認めている。これに対し、国防総省が実施、または助成する研究では、対象者に何の処置も行わない観察研究以外は、同意取得義務は免除されない。これは民生分野での研究より厳しい規定である。対象者に何らかの介入を行う研究では、本人（本人に同意能力がない場合は法定代理人）から、事前に同意を得なければならない。代理人の同意でよいと認められるのは、対象者本人を益する目的で（たとえば傷病の治療や障害からの回復などのために）行われる研究に限る。これも民生分野での研究より厳しい規定である。代理人の同意でよいと認めるかどうかは、一件ごとに倫理審査委員会が判断する。

この一律の同意取得義務は、研究開発担当の国防補佐官、またはその権限を委託された国防長官官房や構成組織の長によって、解除することができる。ただ、同意を得ずに進めることが認められるのは、軍役に就く者のための医療品の開発を進めるのに必要な研究で、対象者本人に直接の益がある場合に限る。

以上の同意免除の制限規定は、行政指示である指令だけでなく、連邦法にも設けられていて、とても重要なルールとされている。だがそれは裏を返せば、こうした規定ができる前は、軍人を対象とした実験研究では往々にして、適切な説明に基づく同意取得がなされていなかったということだろう。たとえば、法学者のメールマンらによれば、冷戦前後の米軍では、兵士らにそれと告げずに様々な薬物、幻覚剤、放射性物質などを投与する実験が行われていたという。だがコモン・ルールの制定などによる研究倫理の進展と整備に伴い、そうしたやり方はもはや許されないと国防機関も認識するようになって、同意取得を怠らないよう求める厳しい規定が設けられたのだと考えられる。

・機密指定研究 classified research の特別規定：大統領令の規定により機密とされた情報を伴う、国防総省が実施、または助成する人間を対象にした実験研究（「機密指定研究」）には、以下の特別追加規定が課される。

＊機密指定研究はすべて、国防長官の承認を必要とする。承認の申請は、国防長官官房、または国防総省構成組織の長からなされる。

*機密指定研究では、対象者からの同意取得の免除は禁じる。

*ミニマル・リスク以下の研究でない場合、同意を得る際には対象者に、国防総省が実施、または助成する研究であること、研究が機密指定されていることを告げ、そのことがもたらす影響について説明する。

*機密指定研究の審査は正規の委員会会合で行い、簡略審査は禁ずる。少なくとも一人の外部委員は連邦職員でない者とする。倫理審査委員会の多数意見による決定に不同意の委員は、国防長官に上訴してよい。上訴は国防長官への承認申請に添付される。

*倫理審査委員会は、研究対象候補者が適切な意思決定をするために、機密指定情報にアクセスすることが必要かどうか決定する。

*機密指定情報の開示または利用は、大統領令の規定に従う。

このように機密指定研究は、国防長官の承認がないと実施できず、同意取得の免除は禁じられるなど、機密指定でない研究よりも厳しく管理される。またその研究を審査する委員会には連邦職員でない者を外部委員として加え、少数意見の上訴の機会も設けるとしていて、機密指定でない研究よりも、部外の目ないし観点が行き届くように配慮した規定になっている。機密指定研究は、軍の統制が厳しく、非常に危険なことをしているのではないかと、学術界や一般社会から不信の念でみられがちである。そうしたマイナスの受け取られ方をできるかぎり払拭するために、特別の配慮規定を設けているのだろう。

・**捕虜などの抑留者の保護**：戦時法に従い国防総省職員によって捕らえられ、拘禁管理下に置かれた者（「抑留者 Detainee」）を実験研究の対象にすることは禁じる。ただし、臨床試験に用いることが承認されている薬品や医療機器の、診断・治療目的での使用は、この限りでない。それらの医薬品や機器を用いた研究は、抑留者から説明のうえでの同意を得て、かつ同じ試験薬品・機器が米軍構成員にも同じ状況下で与えられる場合にのみ行える。

これは先にみた、国際人道法における捕虜と文民に対する実験の禁止・制限に則した規定である。戦時だけの規定のようにみえるかもしれないが、米国は頻繁に武力紛争地域に派兵しており、抑留される者が出る機会が多いので、その保護を徹底する必要があると考えられているのだろう。

弱い立場にある者としての兵士の保護

国防総省指令のなかで、民生分野とは異なる軍事研究の特殊性を最もよく表しているのは、国防総省職員を研究対象者にする場合に求められる特別の配慮についての規定である。

軍人職員を研究対象者にする際に、上官は、研究対象となることに同意するかしないかに関する部下の意思決定に影響を与えてはならない。上官は、対象者を募る説明や同意取得の場に居合わせてはならない。上官を対象者として募る際は、部下とは分けられた説明と同意の機会を与える。兵役に就く者は勤務時間内に実験研究の対象となることの許可を所属部隊から得る。

ミニマル・リスク以上のリスクを伴う研究で、兵役に就いている者を対象者に募る際に、同意を得るための説明を一人ずつでなく大勢を集めて一度に行う場合は、倫理審査委員会はオンブズマンを指名する。オンブズマンは対象者を募集する場に同席し、研究対象になるかどうかは任意であることが明白かつ適切に告知されているか、監視する。オンブズマンは、先にみた研究監視員であってもよい。ミニマル・リスク以上のリスクを伴わない研究では、倫理審査委員会は、対象候補者の属性と対象者の募集・同意手続きの方法を考慮して、オンブズマンの指名が必要かどうか判断する。文官職員を対象者にする場合も、同等の配慮規定が設けられている。

以上の規定は、実験研究の対象になることを強要するような上官からの圧力だけでなく、軍特有の同輩集団による同調圧力からも個々の兵士を守るための特別の配慮規定である。厳格な上位下達の規律に服する軍人・国防職員は、実験研究の対象にされることに同意するかどうか決める際、自由に意志を表明することが難しい弱い立場に置かれている。国防のためといわれれば、国防職員、とりわけ兵士は、応じなければならないと感じるだろう。そこに上官と同輩集団からの暗黙の圧力も加わる。

そうした兵士の弱い立場に配慮した特別の規定を国防総省が設けているのは、実験研究の対象になるかどうかは原則として個々人が自由意志に基づいて決める権利があると、軍と国防機関も認めていることを示すものだといえる。国防総省が、民生分野と共通のコモン・ルールを採用している以上、それは当然のことだ。だがここでも裏を返せば、そうした特別の配慮規定がないと、軍や国防機関には、構成員の自由な意志表明が保障されないような職場環境や職場文化があるということである。

ただ、上司や同輩からの圧力を排除しなければならないのは、民生分野の研究でも同じである。研究が行われる機関に所属する職員を研究対象者とする場合、上司や同僚から頼まれれば断りにくいので、所内のイントラネットを通じて、関係者を介さずに対象者を募集するといったやり方が、民生分野でも行われている。また、たとえば人間関係が濃密な地域社会で研究対象者を募る際に、研究を支持する行政職員や土地の有力者などが居合わせて、断るのが難しいような状況において説明と同意の手続きを行うことは、研究倫理上認められない。さらに、先にみたように、研究対象者を保護する法令や指針では、囚人や医療施設への強制入所者なども、自由意志を表明するのが難しい立場にある「弱者」と位置付けられ、実験対象にすることが制限されている。実験研究の対象にされる兵士も、その意味で「弱者」なのだということを、しっかり認識しておきたい。

軍による人体実験の問題点——倫理学者・法学者の議論から

本書でこれまで何度か論述を紹介してきた倫理学者のモレノは、軍による人間を対象にした実験研究について、国防総省も組み込まれているコモン・ルールという規制枠組みは、けっして完全なものではないが、少なくとも研究対象者の保護のための防壁と説明責任の尺度にはなるとコメントしている。しかし、軍当局が国家の安全保障を根拠にすれば、この保護防壁はすりぬけられてしまうおそれがあるとも述べている。たとえば一九九〇年の湾岸戦争以降、米軍は武力紛争地域に展開する部隊の兵士すべてに、神経ガスや生物兵器に対する防護になると期待される製剤（臭化ピリドスチグミン、ボツリヌス毒素ワクチンなど）を与えてきた。それらは法定の認可の適用外か、無認可での使用で、実験といえるものだったにもかかわらず、人間を対象とした研究として管理されず、兵士から説明のうえでの同意は取られなかったという。

人間を対象にした軍事関連の実験研究は、国防総省の助成や共同研究を通じて、大学などの民間の機関でも行われる。国防総省の研究開発の七五%は外部の民間機関で行われており、そこには人間を対象にした実験研究も含まれている。

国防総省の指令は、そうした民間の機関での研究にも適用される。米国の多くの大学では、人間を対象にした実験研究の管理に関するウェブサイトに、国防総省の助成研究や共同研究において守られなければならない特別の規範として、国防総省指令の要点をわかりやすくまとめて掲載している。

そのうえで、たとえばミシガン大学では、人間を実験対象にした機密指定の研究は行わないとの方針を明示している。同じ方針を採っている大学は少なくない。米国でも、研究成果を発表する学問の自由に抵触するとの懸念から、研究者や大学当局の間には、機密指定研究に対し抵抗がある。法学者のメールマンらによれば、やや古いデータだが、一九八八年の調査で、調査対象となった三九大学中、一九大学が機密指定研究を行うことを禁じていた。また禁じていない大学でも、機密指定研究は採用や終身雇用などのための学術業績とみなさないところが多かった。だが、大学の外に研究施設を設ければ、機密指定研究を行えるという抜け道もある。

機密指定でなければ軍との研究でも学術研究として成り立つのか、機密指定研究でも大学の外で行えば研究倫理には反しないのか、議論の余地があるだろう。メールマンらは、国防総省関連の研究を民間機関の倫理委員会はどのように審査しているのか、国防機関の担当官との間に対立や不一致が起こった場合はどうしているのかといった重要な点について情報がなく、問題が理解されていないと懸念を表明している。

兵士は危険な実験の対象にしてもよいか

米国防総省指令は、先にみたように、軍・国防機関特有の上下関係と同輩集団からの圧力を防ぐための規定を置いて、国防職員や軍人が実験研究の対象になるかどうかを決める自由と権利を保障しようとしている。メールマンらは、その規定はけっこうなものだと評価するが、軍の研究では、個々の対象者の同意より、上級責任者の判断のほうが重視されると指摘する。特にそれが現われるのは、研究が対象者にもたらすリスクと、研究の結果得られる軍事上の利益を比較して、研究の実施の可否を判断する場合だという。先にみたように国防総省指令は、研究が対象者にもたらすリスクを過小に評価しないよう求める規定を置いている。しかし、軍の使命に基づく価値体系からすれば、研究の軍事上の目的が重要であればあるほど、対象者に負わせるリスクは大きくなってもよいとされかねない。民生分野の研究では過大で認められないとみなされるリスクが、軍事関連研究では受け入れられることになるかもしれない。たとえば米国空軍では、マイクロ波が行動の抑止につながるかどうか、実際に兵員に照射して試す実験が行われている。抑止効果が認められれば、戦闘機のパイロットなどを無力化する兵器とその防御技術の開発につながる軍事上重要な研究だが、照射される兵員には相当のリスクがかかる。

メールマンらは、そうした大きなリスクを伴う可能性の高い軍事関連研究は、外部の共同研究機関で民間人を対象にするのではなく、すべて軍の内部で、軍人・兵士を対象にして行うべきだという。自分に直接益のない実験研究の対象となってリスクを負うのは、軍人のほうが民間人より適している。軍事研究において兵士は、上官が部下を守る義務を負う軍特有のパターナリズム原則によって保護されているのに対し、民生分野の研究では、研究者は対象者を守る義務よりもスポンサーへの義務を優先しがちだからだ。

もっと極端な意見もある。軍役に就く兵士は、戦場で致命的なリスクにさらされることに合意しているのだから、軍事目的の研究対象となる際も、致命的なリスクを負うことに合意しているとみなすべきだ、というのだ。こう論じる倫理学者のサヴレスキュは、特に生物兵器戦の脅威を挙げ、それに対する防御と治療のための研究であれば、民生分野の研究ではできないような、大きなリスクを伴う人間を対象にした実験研究を、軍で行うことを許すべきだとしている（国際人道法では、生物・化学兵器の研究は、防御目的のものに限り認められている）。

はたして軍人・兵士は、民間人を対象にする場合に許容される以上の大きなリスクを伴う実験研究の対象にしてよいだろうか？　これは、軍による人体実験の倫理の重要な論点になる。

この問題に対し、メールマンらは、軍事研究では、対象者本人の同意を得ることを守るべき第一の倫理原則とするのをやめ、代わりに、上官が部下を保護する義務を負うパターナリズムを第一の倫理原則にすればよいと提案する。大きなリスクを伴う実験研究を、対象になる兵士の同意によって正当化するのではなく、部下の保護義務と両立する範囲で認められるかどうか判断する責任を上官に負わせようということだ。そのほうが、軍における研究では対象者をより適切に保護することになるだろうというのである。

メールマンらは、パターナリズムを第一原則とすれば、対象者から同意を得ないでいい場合を広く認めてよいとしている。だがこの提案が主に想定しているのは、戦時下や、武力紛争地域に展開された部隊の兵士を対象に行う薬剤の試験的投与などである。平時であれば、軍事関連研究でも、対象者から同意を得るべしという倫理原則を、国防上の利益を根拠に一律に免除することは許されない。それは国防総省指令が示しているとおりである。問題は、戦時にそれが許されるかどうかである。

先にみたように、戦時の規範である国際人道法には、自国の戦闘員や非戦闘員の自国民に対する実験研究を制限する保護規定はない。その空白をどう埋めるべきか。戦闘員については、同意原則に代えてパターナリズム原則を基本にすればよいというメールマンらの提案が、一つの答えだ。それでよいかどうか、軍事の専門家の観点とは別に、市民の倫理の観点からも議論するべきだろう。

軍事研究をどのように審査管理するか――フランスの対応

人間を対象にした実験研究を適切に進めるうえで、研究の審査と管理を行う第三者組織（審査委員会、倫理委員会）の役割は非常に重要である。軍事目的での人間を対象にした実験研究は、どのような体制で審査し管理すればよいか。フランスでは、政府と議会で長年検討が行われ、対応が模索されてきた。

第４章でもみたように、フランスでは、人間を対象にしたすべての実験研究を、法律による管理・規制の対象としている。フランスの研究管理の大きな特徴は、研究計画の事前の審査を、研究を実施する機関の倫理委員会ではなく、保健大臣が認可する公的な第三者組織に行わせる仕組みを採っているところにある。審査の中立性・独立性を重視した制度設計になっているのである。この公的第三者委員会（「研究対象者保護委員会」）は、各広域行政区に複数設けられる（二〇一八年時点で全国に三九の委員会が認可されている）。

こうした研究管理の制度の枠組みのなかで、軍事関連研究は、民生分野の研究一般と切り離して、専門の特別委員会を設け審査するとした法改正案が、一九九四年に議会に出された。しかし政府は、軍事関連研究が特異なものだと社会に受け取られることを恐れ、この改正案に反対した。当時、米国で過去に核兵器開発と並行して、プルトニウムを投与する人体実験が対象者から同意を得ずに行われていたことが発覚し、非難の的になっていた。このスキャンダルが、政府が改正案に反対した背景にあったと思われる。結局九四年の議会審議では、軍事関連研究について専門の委員会は設けず、研究計画を審査する際の細則を政令で定め、国防秘密の扱いなどに関するルールを設けるということで決着した。

この方針に従って、二〇〇六年に出された政令により、研究主宰者は、研究が国防秘密に関わるものである場合は、刑法で定める秘密保護の資格を持つ委員や専門員がいる研究対象者保護委員会に審査を申請することとされた。国防秘密を扱える資格は、その保全の重要度に応じ、「機密」については首相が、「極秘」「秘」については各担当大臣（人間を対象にした実験研究であれば保健大臣か研究大臣）が与える。国防秘密を含む軍事関連の人間を対象にした実験研究は、その秘密にアクセスできる資格を与えられた委員会が審査することになったのである。

しかしその後二〇一六年に新たな政令が出され、国防秘密に関わる軍事関連研究は、一九九四年に提案された、専門の特別組織で審査する方式に改めることとされた。この新しい方針に基づき、二〇一八年の法改正で、研究対象者保護法に「国防秘密に属する研究」という章が新設され、軍事関連研究を審査する別の体制が設けられることになった。試行錯誤の末、やはり民生分野と同じ体制で審査し管理するのは難しいと判断されたのだとみることができる。

「国防秘密に属する研究」の審査管理体制

フランスで採用された軍事研究の特別な審査体制は、「国防秘密に属する研究」を対象とする。「国防秘密」とは、刑法の規定により、国防に関する情報、文書、データなどで、配布を制限する保護措置の対象となるものを指す。漏洩された場合に国防を害する性質を帯びる情報、国防秘密を発見することにつながりうる情報なども、国防秘密として保護の対象にすることができる。

国防秘密に属する人間を対象にした実験研究を審査する組織は、「防衛・国家安全保障研究対象者保護委員会」と名付けられ、首相が設置を認可することとされた。国防秘密に属する研究も、民生分野の研究と同じく、事前に計画の審査を受け承認を得るとともに、所管当局の許可を得なければ行うことはできない。民生分野の研究を審査する研究対象者保護委員会は、保健大臣が設置を認可し、委員は設置された行政区の知事（国の出先機関の長）が任命する。これに対し、防衛・国家安全保障研究対象者保護委員会は、首相が設置を認可し委員を任命することとされ、一段上の特別の地位が与えられた。この委員会は実際には軍事省内に設置されるものと思われるが、軍事大臣でなく首相の統括権限の下に置くことによって、第三者機関として適正な審査を行えるよう制度設計されている。

防衛・国家安全保障研究対象者保護委員会は、独立して職務を行い、軍事だけでなく科学や倫理・哲学などの多様な分野の委員で構成される。独立性と多様性が認められない場合には、首相はその委員会の認可を取り消すことができる。委員会のメンバーに、どのような資格・専門の者を何人入れなければいけないかについては、首相の告示（アレテ）で定めるとされている。

また、研究計画を許可する所管行政当局は、民生分野の研究では保健省国家医薬品保健健産品保全庁（米国の食品医薬品局（ＦＤＡ）に相当）だが、国防秘密に属する研究では、同庁にその研究が含む秘密を扱える資格を持つ職員がいない場合、首相が許可を出す所管当局となる。国防秘密の厳重な保持の要請と、人間を対象にした実験研究の適正な管理とを両立させるため、ここでも軍事省ではなく首相が許可権限を持つとしているのである。

このようにフランスの軍事研究の審査管理体制は、国防秘密に指定される情報を含む研究を対象としている。だが軍事関連研究のすべてが国防秘密に属するものではない。軍や国防機関が行う研究のなかには、国防秘密に指定されない研究もある。軍・国防機関との共同研究や、軍・国防機関が資金提供をする研究もそうである。では国防秘密に属さない軍事関連研究はどう管理するのか。国防秘密に属する研究の審査管理体制を定めた立法案について大統領宛に出された報告書では、防衛・国家安全保障研究対象者保護委員会は、国防秘密に属さない研究も審査することができるとしている。実際の運用では、軍事関連の人間を対象にした実験研究は、ほぼみなこの特別委員会において審査されるものと思われる。

以上のフランスの軍事関連研究の管理規定は、研究の審査と許可の手続きだけを定めている。審査の倫理的な基準や研究の実施手続きについては、米国防総省指令のような特別な指針は出ておらず、民生分野の研究について法で定められた基準と実施手続き（特に対象候補者への情報提供と同意取得手続き）を適用するとしている。ただ第4章でみたように、兵士の強化改造技術に関するフランス軍事省防衛倫理委員会の意見書は、軍における研究特有の課題に対応した倫理的な基準や研究の実施手続きを求めていた。それは強化改造技術の研究開発だけでなく、軍事関連の人間を対象にした研究全般に適用されるべきものだろう。この点についてフランス政府がどう対応していくか、見守りたい。

米国の軍事研究審査管理体制

米国国防総省の指令は、先にみた倫理基準や研究の実施手続きだけでなく、研究計画の審査・管理についても、民生分野の研究一般のルールとは別に、軍・国防機関に求められる特有の配慮を上乗せした規定を設けている。

米国では、人間を対象にした研究の審査は、研究を行う機関に設けられる委員会が担う。公的な第三者機関に審査を委ねるフランスと異なり、研究を実施する機関の自己責任による管理が求められているのである。それは民生分野でも軍事研究でも同じである。

国防総省と陸海空軍などが行う人間を対象にした実験研究を審査する委員会は、

民生分野の研究審査委員会と異なる独自のルールとして、基本的に連邦職員と軍役に就いている者で構成するとしている。そうすることで、研究に含まれる国防・安全保障上の情報に対する委員の守秘義務が保証されるのだと考えられる。ただ例外として、外部との共同研究では、外部機関の委員会に審査を委ねていい場合も規定されていて、実務上の融通が利くようにもなっている。

また、大学など外部の機関が行う、国防総省が助成する研究では、研究実施機関の審査委員会の承認を得ることに加え、担当する国防総省側の管理官の審査と承認も必要とされる。研究実施後に、倫理規程違反、有害事象の発生、研究の中止または終了、立入検査の実施などの事態が起こった場合も、研究機関の審査委員会に加え、国防総省の担当官にも報告しなければならない。

さらにもう一点、重要な規定がある。人間を対象にした実験研究の実施、審査、承認に携わるすべての国防総省職員は、必要な教育と研修を継続して受けることとされている。助成研究や共同研究を行う外部の機関での教育・研修についても、適正なものであることを国防総省側で評価し確認する。研究を審査する委員が、科学研究と研究倫理に関する基本的な事項について研修を受けることは、適切な審査を行ううえで不可欠である。民生分野で求められているのと同じように、軍事研究の審査を行う軍関係者にも研修が求められているのは、妥当な規定だといえる。

日本の軍事研究管理の状況と問題点

日本の自衛隊も、人間を対象にした実験研究を行っている。

たとえば海上自衛隊の潜水医学実験隊では、飽和潜水が人間に与える影響を調べる実験を行っている。飽和潜水とは、深度一〇〇メートル以上の海中に潜ることをいい、そうした深海中から急に浮上すると、減圧症（血中の気体が気泡となって塞栓が生じるなどの害をもたらす）が起こるおそれがある。潜水任務に伴うそのような有害事象を防ぐ措置を開発するための基礎研究として、潜水隊員を対象にした実験が行われる。記憶機能への影響を調べたある実験研究では、三六名の潜水隊員を対象に、飽和潜水前後の脳波の変化と平衡機能、ふるえ、目眩やむかつきなどの自覚症状の測定が行われたが、記憶機能は正常に保たれたという。この研究結果を報告した論文では、「研究の目的、方法等の説明を行い、研究への参加について承諾を得た」との記載があるが、倫理審査についての記載はなかった。

海上自衛隊で行われる人間を対象にした実験研究は、自衛隊横須賀病院に設けられた医学倫理審査委員会で審査されるようである。この委員会のホームページには、「人を対象とする医学系研究に関する倫理指針に基づき」委員会を設置したという記載があるだけで、委員会の審査規程は掲載されていない。「人を対象とする医学系研究に関する倫理指針」とは、厚生労働省が策定したガイドラインで、大学などの研究機関が遵守すべき倫理規範、研究実施手続き、研究の審査の体制と基準などが定められている。だがこの指針は民生分野の研究を対象としたもので、軍事関連研究の倫理審査は想定されていない。

また別の例をみてみると、航空自衛隊の航空医学実験隊では、航空機内で非常に高い加速重力（G）がかかる環境で、搭乗員の脳内血流量がどう変動するか、近赤外線を頭部にあてて測定する実験研究が行われている。飛行任務時の事故の原因につながる生理学上のストレス要因を調べるのが目的だという。その研究では、五名の男性隊員を、近赤外線照射・測定装置を組み込んだ耐G訓練用のヘルメットを装着させて遠心力発生装置に入れ、高加速度に曝した。これは、通常の訓練とは別に、研究目的でリスクを伴う負荷を被験者にかける実験で、倫理上慎重な審査が求められる部類に属する研究である。この研究結果を報告した論文には、「航空医学実験隊倫理審査委員会の承認及び被験者の同意のもと実施された」との記述がある。

同じ研究目的で、高高度で起こる低圧を再現した実験設備の中に八名の男女の隊員を入れ、血中酸素飽和度の変化を測定する実験も行われている。被験者が曝されたのは民間旅客機と同程度の高度の気圧で、健常人には問題ないとしているが、実験では有意に酸素飽和度が低下し、自覚症状も出たというので、リスクがまったくなかったとはいえないことがわかる。この研究を報告した論文にも、「航空医学実験隊倫理委員会の承認に基づいた手続きを実施し実験参加への同意を得た」との記述がある。

航空医学実験隊倫理委員会については、その業務を規定した文書がある（「航空医学実験隊倫理委員会に関する達」二〇〇三年、二〇一五年一部改正）。それによると、この委員会は、「対象となる者の不利益が予想される研究」と「対象となる個人の情報保護、人権擁護に配慮すべき研究」を審査の対象とする。だが審査手続きについての規定内容は、民生分野の研究倫理審査委員会一般の規定と異なるところはなく、米国防総省指令が定めているような、軍事関連研究の特異性に配慮した特別の倫理規定はない。国防秘密に関わる研究についても特段の管理規定はなく、研究参加への説明と同意取得手続きについても、民生分野の研究以上の配慮を求めた規定はない。「達」の別紙2「研究対象者への説明に関する注意事項」では、研究への参加は自由意志によること、同意は何時でも撤回できること、自由意志を行使しても不利益を被らないこと、および対象者の心身に悪影響が出た場合の措置について、研究対象者の権利として説明事項に明記するよう求めている。だがそれは民生分野の研究一般の倫理規定と同じである。上官や同輩集団の居合わせないセッティングで説明と同意取得を行うとか、上下関係や同輩からの同調圧力が働いていないか監視する要員を置くといった、米国防総省指令に示されていたような、兵士の置かれた独特の弱い立場に配慮した規定はない。同じく別紙2には、自衛隊員に研究参加を募る説明文書を配布する際には、「指揮系統を尊重し、必要な調整を実施するものとする」とあるが、これは個々の隊員に対する配慮ではなく、所属組織と上官に対する配慮を求めた規定だと思われる。

防衛省・自衛隊全体の研究組織としては、防衛医学研究センターがあり、人間を対象にした実験研究も行っていると思われる。たとえば同センターのホームページには、「自衛隊員の体力増強に関する研究」が主テーマの一つとして挙げられている（そこに、第４章でみたような、心身に深く介入する強化改造技術の開発研究が入っているかどうかはわからない）。防衛医学研究センターは、防衛医科大学校に属する組織なので、そこで行う人間を対象にした実験研究は、防衛医大の倫理委員会で審査されるものと考えられる。それについては「防衛医科大学校における研究に関する倫理規則」（二〇一四年）があるが、この規則もまた、国内の大学医学部・医学校の研究倫理審査規定と異なるところはない一般的なもので、軍事関連研究に対する特別の規定はない。

以上をまとめてみると、日本の防衛省・自衛隊における人間を対象にした実験研究は、国内の民生分野の研究一般と同等の審査と管理は受けているようだが、軍事関連研究としての特別な審査や管理は、少なくとも制度上は行われていないようである。

そこで最も懸念されるのは、実験研究の対象にされる自衛隊員の人権の保護は十分に行き届いているだろうかということである。自衛隊員は、国防に従事する者として、自由意志の表明が制限される弱い立場にある。国防職員を軍事目的の実験研究の対象にするには、その点に配慮した、民生分野の研究とは異なる倫理規範と手続きが必要だと米国防総省は判断し、特別の指令を出している。日本ではそうした配慮は必要ないのだろうか。

日本には、戦争放棄と戦力不保持を定めた憲法に則り、自衛隊は「軍」ではないとする独特のタテマエがある。だが自衛隊法では、自衛隊員は、「わが国の平和と独立を守る自衛隊の使命を自覚し」「事に臨んでは危険を顧みず、身をもつて責務の完遂に努め」「職務上の危険若しくは責任を回避し、又は上官の許可を受けないで職務を離れてはならない」「その職務の遂行に当つては、上官の職務上の命令に忠実に従わなければならない」と定められている。ほかの国の軍人・兵士と同じ立場と義務が課されているのである。だから、国防上・軍事上必要なことだからと実験研究の対象になるよう求められれば断りにくい弱い立場にあるのは、自衛隊員も、他国の、とりわけ同盟国米国の軍人・兵士と同じなのである。にもかかわらず、実験研究の対象にされる際に、その弱い立場に配慮した特別の倫理規定がないのは、日本の自衛隊員は軍人・兵士として保護されていないということにならないだろうか。防衛省は、自衛隊は軍隊ではないとのタテマエがあるために、自衛隊員について、軍人・兵士としての特別の保護規定を、米国防総省のように表立って示せないのだろうか。もしそうだとすれば、研究倫理上・人権上、由々しき問題ではないか。

軍事をタブーにしない姿勢が求められる

以上本章では、軍事関連研究における人間を対象にした実験の現状と問題点をみてきた。

日本では、軍による人体実験についての議論は七三一部隊のような旧悪の批判にとどまっていて、今日の前にある問題として取り上げられることはほとんどない。その背景には、軍に関わることはすべて市民社会と相容れないものとして頭から否定し、その内実にはあえて踏み込もうとせずタブー視する一部の風潮があると思われる。そうしたいわば戦後良心の「空気」のなかで、日本の識者、とりわけ生命倫理を研究する者の間には、軍人・兵士の人権についてまともに考えようとしない暗黙の姿勢があるように見受けられる。

しかし、軍と国防機関が行うことに対し背を向けタブー視するのは、百害あって一理なしだと私は考える。研究者としても一市民としても、軍が戦時だけでなく平時にもやっていることを偏りのない観点から捉え、評価するべきである。それなしに真の批判はありえない。

軍事関連研究における人間を対象にした実験の倫理と管理のあり方を検討することも、その一例である。兵士を戦場に送り出すことの是非を議論するのと同じように、彼ら彼女らを実験研究の対象にすることの是非を考えるのは重要だ。その際には、軍人・兵士といえども同じ市民社会の一員として捉え、国防上の要請と基本的人権の保護をどう両立できるかという観点から、どのような配慮と措置が必要か考える姿勢が求められる。そこで問われるのは、軍事に関する問題を市民社会の中にどう位置付けるか、軍と国防機関のすることに、どこまで市民社会の良識を持ち込めるかということである。

地球上のあらゆるところで、軍事大国の覇権争いが私たちの生活を脅かす度合いが高まり続けている。困難な国際情勢を前に、軍備の増強を進める動きばかりが目立つのは非常に気がかりだ。そんな今こそ、国防と市民社会の関係のあり方について、みなで真剣に考えなければならない。科学・技術と軍事の関わりを取り上げた本書がその一助となれば、この上ない喜びである。

あとがき——私が軍事の問題を取り上げたわけ

私が科学・技術と軍事の関わりについて考え始めるきっかけになったのは、二〇一六年に米国で起こったある事件についての記事を読んだことだった。警官を銃撃し殺した容疑者を、警察が、軍から借りた遠隔操作の爆弾処理ロボットを使って爆殺した。容疑者が警官を銃殺したのは、白人警官による黒人の不当な殺傷への報復だったとみられ、背景には根深い人種差別問題がある。ただ私が気になったのは、事件後、警察のこの対応が、軍用の機械で人を殺傷するのは、武力の行使の仕方として行き過ぎではないかと批判されたということだった（佐々木伸「射殺犯をロボットで爆殺、全米警察の軍事化が加速」Wedge Infinity 二〇一六年七月十二日付）。機械を使って人を殺傷するのがやり過ぎだというなら、人間が同じことをするならいいのか、と思ったからだ。

この記事では、米国国防総省がドローンやロボット技術による無人兵器を開発し売却しているとあった。そこで調べ出してみると、国連の軍縮研究機関などで、人工知能を備え、人間の指示なしに敵を殺傷する能力を持つ兵器システムの是非が議論されていることを知った。戦争での武力の行使にも、国際人道法というものがあって、一定の倫理的な制約が課されていることも知った。

私は長年、生命倫理の研究をしてきた。生命倫理とは、再生医療や体外受精や遺伝子組み換えなどのような、人間の生命と身体を操作する技術の何をどこまで認めてよいかを考えることである。そうした先端医療技術は、生命科学と医学の研究の成果を応用して開発されたものだ。だから生命倫理とは、私が思うに、高尚な哲学のお題目を唱えるのではなく、科学研究の成果がどのように使われるか、どんな技術の開発を可能にするか、その結果どんな問題が出てくるかを考えることである。

そうした素地を持っていた私は、人工知能による自律殺傷兵器の問題は、科学研究と技術開発の成果が戦争のために利用されるとどのような問題が出てくるかを考える、格好のテーマだと思った。軍事の問題も自分の研究課題になると、手応えを感じることができたのである。

先端医療は、いってしまえば、豊かで平和な社会だからこそできることで、世界全体の状況のなかでみれば、贅沢なことだといわれてもしかたがない。そんな平和で豊かな社会の先端医療の倫理問題を研究してきた私には、戦争や軍事は縁遠い分野だと思われるかもしれない。だが私は、もう三十年も前、駆け出しの頃に聞いた言葉を思い出す。生命倫理について識者が語るある催しで、戦中世代の産科医出身の先生が、生命倫理の最大のテーマは飢餓と戦争である、といった。確かに、飢餓と戦争は、人間の生命だけでなく、生命倫理が重視する人としての尊厳と人権を失わせる、最大の脅威だ。戦争こそ、生命倫理が最も問題にすべきことだ。この指摘に私ははっと目を開かされる思いだったが、実際にそれに取り組む機会は、なかなかなかった。

そんななか、自律殺傷兵器の問題で手応えを得た私の背中をさらに後押ししてくれたのが、フランスの軍事省の倫理委員会が「強化兵士」に関する意見書を出した、というニュースだった。人間の能力を強化向上させる目的で科学・技術を使うことの是非は、生命倫理の議論の対象になっていた。軍事目的での兵士の強化向上技術の開発の是非も、当然議論の対象にすべきだ。そこでさっそくこの意見書を読んでみると、長年専門としてきたフランスの生命倫理関連法に関わる論点も挙げられていて、まさに私が取り上げるべきテーマだと、実感できた。

そこにさらに、人体実験の問題が加わる。フランスの生命倫理関連法は、実験研究の対象となる人を保護する法令を重要な柱としている。その研究対象者保護法の改正論議を追うなかで、軍事目的での研究をどう審査するかが問題にされたことを知った。そうか、軍や国防機関も、人間を対象にした実験研究を行うんだ、と気づかされた。研究の対象となる人の尊厳と人権をどう守るかは、生命倫理の最も重要なテーマの一つだ。その一環として、軍事目的での研究の倫理も当然問われるべきだ。ナチスや七三一部隊がしたような過去の過ちを批判するだけでなく、現在どうなっているかを調べるべきだ。そう考えてあちこちあたるうちに、米国国防総省の指令にたどり着き、その多岐にわたる内容に圧倒された。軍での研究の特殊さがよく理解でき、民生分野の研究倫理と比較し分析する論文を書くことができた。人間を対象にした軍事関連の研究の倫理と管理について詳しく論じたのは、日本では私が初めてではないかと自負している。

このように歩みを進めて、材料が揃ったので、一冊の本にまとめて世に問おうという気になれた。そこで懇意の編集者に企画を持ち込んでみたところ、軍事関連の研究開発の進展を、科学・技術がもたらす問題の一つとして考えるという趣旨は評価してもらえた。ただ、自律兵器だ、兵士の強化改造だという話に持っていく前に、科学・技術と戦争の関わりについて、現在に至る背景となる歴史を俯瞰して示してほしい、といわれた。最初は、それは私には荷が重いなと思ったのだが、一念発起して関係書を漁ってみると、戦争と科学についてこれまで漠然とこうかな、と思っていたことを、はっきりと知ることができて、認識を深めるたいへんいい機会になった。こうして、歴史をたどる第一部と、最先端の問題を考える第二部の、二部構成にした本書を世に出すことができた。的確な助言をくださった平凡社新書編集部のみなさん、担当してくれた岸本洋和さんに、深く感謝したい。

二〇二三年春

著者敬白

参照した文献・ウェブサイト

＊第一部

アーネスト・ヴォルクマン『戦争の科学』主婦の友社、二〇〇三年

アニー・ジェイコブセン『ペンタゴンの頭脳　世界を動かす軍事科学機関ＤＡＲＰＡ』太田出版、二〇一七年

Ｍ・ケリー、Ｗ・アスプレイ『コンピューター２００年史』海文堂出版、一九九九年

ジョナサン・モレノ『操作される脳』アスキー・メディアワークス、二〇〇八年（原著増補改訂版 Brain Wars, Bellevue Literary Press, 2012 も参照）

Elliot Valenstein Great and Desperate Cures: The Rise and Decline of Psychosurgery and Other Radical Treatments for Mental Illness, Basic Books, 1986

池内了『科学者と戦争』岩波新書、二〇一六年

池内了『科学者と軍事研究』岩波新書、二〇一七年

杉山滋郎『「軍事研究」の戦後史』ミネルヴァ書房、二〇一七年

「戦後70年　核物理学の陰影（下）」産経新聞ウェブ版、二〇一五年八月十日

常石敬一『７３１部隊全史　石井機関と軍学官産共同体』高文研、二〇二二年

ジェニファー・ダウドナほか『CRISPR　究極の遺伝子編集技術の発見』文藝春秋、二〇一七年
クリフォード・ストール『インターネットはからっぽの洞窟』草思社、一九九七年
須田桃子『合成生物学の衝撃』文藝春秋、二〇一八年
日本学術会議「報告「軍事的安全保障研究に関する声明」への研究機関・学協会の対応と論点」二〇二〇年八月四日

＊第二部

勝島次郎「人工知能兵器は許されるか」岩波書店『世界』二〇二二年七月号
藤田久一『新版　国際人道法（再増補）』有信堂、二〇〇三年
Reaching Critical Will Convention on Certain Conventional Weapons, https://reachingcriticalwill.org/disarmament-fora/ccw
Ministère des Armées Comité d'éthique de la Défense Avis sur l'integration de l'autonomie dans les systèmes d'armes létaux, 2021
Assemblée Nationale Rapport d'Information N.3248, le 22 juillet 2020
Department of Defense Directive 3000.09 Autonomy in Weapon Systems, 2012
DOD Adopts Ethical Principles for Artificial Intelligence, Feb.24, 2020
Possible outcome of 2019 GGE and future actions of international community on LAWS, Working Paper to the Group of Governmental Experts meeting of 2019 Submitted by Japan

橳島次郎「兵士の強化改造 どこまで許される?」岩波書店『世界』二〇二一年五月号
John Ratcliffe China is national security threat No. 1, Wall Street Journal, December 3, 2020
Patrick Lin et al. Enhanced Warfighters, The Greenwall Foundation, 2013
ローン・フランク『闇の脳科学 「完全な人間」をつくる』紀伊國屋書店、二〇二〇年
Elsa Kania and Wilson VornDick China's Military Biotech Frontier, China Review, October 8, 2019
陆倍倍 贺福初「生物科技将成为未来军事革命新的战略制高点」解放军报二〇一五年十月六日
橳島次郎「ニューロモデュレーションの倫理的課題」『臨床精神医学』49巻6号、二〇二〇年
上田昌文ほか編『エンハンスメント論争』社会評論社、二〇〇八年
レオン・R・カス編著『治療を超えて 大統領生命倫理評議会報告書』青木書店、二〇〇五年
Ministère des Armées Comité d'éthique de la Défense Avis portant sur le soldat augmenté, 2020
Florence Parly, ministre des Armées Digital Forum innovation défense Ouverture de la table-ronde Ethique et soldat augmenté, le 4 décembre, 2020
橳島次郎「フランス生命倫理関連法・3度目の全体改正の分析」『時の法令』No.2132、二〇二一年
熊野以素『九州大学生体解剖事件 七〇年目の真実』岩波書店、二〇一五年
橳島次郎「軍事関連人対象研究の倫理と管理のあり方(第1報) 問題設定と米国の関連規定の分析からの基本論点の抽出」『臨床評価』45巻4号、二〇一八年
Department of Defense Instruction No.3216.02 Protection of Human Subjects and Adherences to Ethical

Standards in DoD-Conducted and -Supported Research, 2011
M. Mehlman and T. Li Ethical, legal, social, and policy issues in the use of genomic technology by the U.S. Military, Journal of Law and the Biosciences 1(3), 2014
M. Mehlman and S. Corley A Framework for Military Bioethics, Journal of Military Ethics 13(4), 2014
J. Savulescu Science wars--How much risk should soldiers be exposed to in military experimentation? , Journal of Law and the Biosciences 2(1), 2015
橳島次郎「軍事関連人対象研究の倫理と管理のあり方（第2報）フランスの法整備と「強化兵士」意見書の分析」『臨床評価』49巻1号、二〇二一年
W. Moss and R. Eckhardt The Human Plutonium Injection Experiments, Los Alamos Science 23, 1995
小沢浩二「海上自衛隊に所属する飽和潜水員の記憶機能が正常に維持されていることについて」『日本高気圧環境・潜水医学雑誌』50巻1号、二〇一五年
溝端裕亮ほか「飛行中脳内酸素化状態モニタリングのためのNIRS（Near infrared spectroscopy）センサー埋込型航空ヘルメットの開発の試み」『航空医学実験隊報告』59巻3号、二〇一九年
西修二・酒井正雄「低圧訓練装置による高度5,000フィート及び8,000フィートでの軽度の低酸素症に関する研究」『航空医学実験隊報告』48巻4号、二〇〇八年

【著者】
橳島次郎（ぬでしま じろう）
1960年横浜生まれ。東京大学文学部卒。同大学大学院社会学研究科博士課程修了（社会学博士）。専門は生命倫理、科学技術文明論。三菱化学生命科学研究所主任研究員、熊本大学客員教授、東京財団研究員などを経て、生命倫理政策研究会共同代表。著書に『先端医療のルール』（講談社現代新書）、『生命の研究はどこまで自由か』『精神を切る手術』『もしも宇宙に行くのなら』（以上、岩波書店）、『生命科学の欲望と倫理』（青土社）、『これからの死に方』『先端医療と向き合う』（以上、平凡社新書）などがある。

平　凡　社　新　書　１　０　３　２

科学技術の軍事利用
人工知能兵器、兵士の強化改造、人体実験の是非を問う

発行日——2023年7月14日　初版第1刷

著者———橳島次郎
発行者——下中美都
発行所——株式会社平凡社
〒101-0051　東京都千代田区神田神保町3-29
電話　(03) 3230-6580［編集］
(03) 3230-6573［営業］
印刷・製本—株式会社東京印書館
装幀———菊地信義

ISBN978-4-582-86032-0
平凡社ホームページ　https://www.heibonsha.co.jp/